工业和信息产业科技与教育专著出版资金资助出版

基于岗位职业能力培养的高职网络技术专业系列教材建设

Windows Server 2012
网络服务器配置与管理（第2版）

黄君羡　王碧武　　主编
李　琳　赵兴奎　副主编

U0209194

电子工业出版社

Publishing House of Electronics Industry

北京·BEIJING

内 容 简 介

　　本书围绕网络管理员、网络工程师等岗位对 Windows 服务管理核心技能能力的要求，以基于 Windows Server 2012 平台构建网络主流技术和主流产品为载体，采用任务驱动和项目引领模式编写。

　　本书主要内容包括：磁盘的配置与管理、局域网组建与故障排除、用户与组、文件共享服务、路由和远程访问服务、DNS 服务、DHCP 服务、DHCP 中继代理与访问控制列表、FTP 服务、Web 服务、NAT 服务、邮件服务、虚拟化服务和活动目录的部署。

　　本书适合作为高等院校相关专业和技术培训班的教材，也可供网络技术人员、网络管理和维护人员、网络系统集成人员阅读和使用。

图书在版编目（CIP）数据

Windows Server 2012网络服务器配置与管理 / 黄君羡，王碧武主编. —2版. —北京：电子工业出版社，2017.8

ISBN 978-7-121-31952-5

Ⅰ. ①W… Ⅱ. ①黄… ②王… Ⅲ. ①Windows操作系统－网络服务器－高等学校－教材 Ⅳ. ①TP316.86

中国版本图书馆CIP数据核字（2017）第139689号

策划编辑：朱怀永
责任编辑：朱怀永　　　文字编辑：李静
印　　刷：三河市华成印务有限公司
装　　订：三河市华成印务有限公司
出版发行：电子工业出版社
　　　　　北京市海淀区万寿路173信箱　　　邮编：100036
开　　本：787×1092　　1/16　　印张：19　　字数：486.4千字
版　　次：2014年8月第1版
　　　　　2017年8月第2版
印　　次：2020年12月第12次印刷
定　　价：43.80元

编委会名单

编委会主任

吴教育　　教授　　　　　阳江职业技术学院院长

编委会副主任

谢赞福　　教授　　　　　广东技术师范学院计算机科学学院副院长
王世杰　　教授　　　　　广州现代信息工程职业技术学院信息工程系主任

编委会执行主编

石　硕　　教授　　　　　广东轻工职业技术学院计算机工程系
郭庚麒　　教授　　　　　广东交通职业技术学院人事处处长

委员（排名不分先后）

王树勇　　教授　　　　　广东水利电力职业技术学院
张蒲生　　教授　　　　　广东轻工职业技术学院计算机工程系
杨志伟　　副教授　　　　广东交通职业技术学院计算机工程学院院长
黄君美　　微软认证专家　广东交通职业技术学院
邹　月　　副教授　　　　广东科贸职业学院信息工程系主任
卢智勇　　副教授　　　　广东机电职业技术学院信息工程学院院长
卓志宏　　副教授　　　　阳江职业技术学院计算机工程系主任
龙　翔　　副教授　　　　湖北生物科技职业学院信息传媒学院院长
邹利华　　副教授　　　　东莞职业技术学院计算机工程系副主任
赵艳玲　　副教授　　　　珠海城市职业技术学院电子信息工程学院副院长
周　程　　高级工程师　　增城康大职业技术学院计算机系副主任
刘力铭　　项目管理师　　广州城市职业学院信息技术系副主任
田　钧　　副教授　　　　佛山职业技术学院电子信息系副主任
王跃胜　　副教授　　　　广东轻工职业技术学院计算机工程系
黄世旭　　高级工程师　　广州国为信息科技有限公司副总经理

秘书

朱怀永　　电子工业出版社　zhy@phei.com.cn

前言

Preface.

随着互联网、云计算、虚拟化、云桌面的快速发展，全球网络服务器的数量以每年32.3%的速率快速增长，而服务器操作系统 Windows Server 市场占有率超过六成，具备 Windows Server 网络系统管理能力是从事网络系统管理相关工作的必备技能。

本书以 Windows Server 2012 为平台，围绕云计算基础架构工程师、系统管理员、网络工程师等岗位对企业网络应用服务的架构与维护能力要求，通过引入 MCSE 职业认证和职业岗位标准，将用户管理、磁盘管理、DHCP 服务管理、Internet 服务管理、邮件管理等网络系统管理技术融入各个项目中，帮助读者快速掌握 Windows Server 2012 的管理技术。

本书中涉及的所有项目均取材于企业真实案例，并加以提炼和虚拟而成。每个项目都配有项目描述、项目分析、相关知识等环节作为铺垫，项目实践叙述详细，步骤清晰，并配有项目的验证过程，符合工程项目实施的普遍规律。

相比一些重理论轻实践的教材，本书具有以下特点。

1. 体现"项目引导、任务驱动"的教学特点，符合"教、学、做"合一的教学思想。以"做"为中心，教和学都围绕着"做"，学中做，做中学，从而实现知识学习、技能训练、提高业务实施能力和职业素养的教学目标。

2. 本书内容面向企业实际的工作任务，全书以工作任务为主线、TCP/IP 协议为暗线进行项目设计。内容的选择主要依据网络管理中基于 Windows 平台主流网络服务的规划、配置、管理与维护工作，以完成典型工作任务所需的知识、技能和业务素养为目标。通过对企业典型的工作任务进行归纳，按照 TCP/IP 协议由低层到高层这一规律，设计进阶式项目案例，并将网络知识分块融入到各项目中，构建本书的项目内容。

图 0-1 所示为"以工作任务为主线，以 TCP/IP 协议为暗线"构建的进阶式项目。

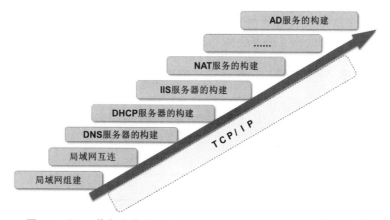

图0-1 "以工作任务为主线，以TCP/IP协议为暗线"构建的进阶式项目

3．项目实训由复合型工作任务构成，不仅考核本教学单元的知识和技能，还考核前面所学单元的知识点，让学生通过由易到难、由简到繁、层层递进的复合型项目实践，做到知识、技能、业务和素养的融合，巩固和提高了网络应用服务的构建与管理技术技能。

图0-2所示为进阶式项目教学示意图（Web服务单元项目实训方案）。

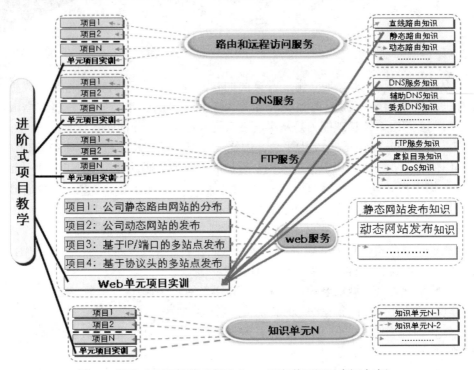

图0-2　进阶式项目教学示意图（Web服务单元项目实训方案）

本书由福建中锐网络股份有限公司、锐捷大学、广州中星集团、广东交通职业技术学院、仲恺农业工程学院等单位联合编撰，参与编写的人员信息如表0-1所示。

表0-1　参与编写的人员信息

单位信息	参与人员
中锐网络	欧阳绪彬、赵兴奎
广州中星集团	王碧武、卢金莲
锐捷大学	安淑梅、陈智龙
广东交通职业技术学院	黄君羡、李琳、李锋
仲恺农业工程学院	刘磊安
清远职业技术学院	黄华
广东青年职业学院	曾振东
福州大学	吴海东

　　本书在编写过程中，参考了大量的网络技术资料和书籍，特别引用了中锐网络股份有限公司、广州中星集团和锐捷大学的大量项目案例，在此，对这些资料的贡献者表示感谢。

　　由于编者水平有限，书中难免存在不妥和疏漏之处，望广大读者批评指正。

编　者

2017 年 5 月 17 日

目录

Contents

项目1　磁盘的配置与管理 1

　　任务1-1　基本磁盘的配置与管理 2

　　任务1-2　动态磁盘的配置与管理 7

项目2　局域网组建与故障排除 16

　　任务2-1　组建局域网 21

　　任务2-2　局域网故障排除 25

项目3　用户与组的创建与管理 32

　　任务3-1　用户的创建及管理 34

　　任务3-2　组的创建及管理 38

项目4　文件共享服务的部署 43

　　任务4-1　部署匿名共享 44

　　任务4-2　部署非匿名共享 47

　　任务4-3　部署部门（组）资源共享 50

项目5　路由和远程访问服务的配置 56

　　任务5-1　实现两个局域网的互连 61

　　任务5-2　配置并测试静态路由 65

　　任务5-3　配置并测试默认路由 67

　　任务5-4　配置并测试动态路由 69

项目6　DNS服务的部署与配置 74

　　任务6-1　实现总部主DNS服务器的部署 79

　　任务6-2　实现子公司DNS委派服务器的部署 88

　　任务6-3　实现香港办事处辅助DNS服务器的部署 91

　　任务6-4　DNS服务器的管理 98

项目7　DHCP服务的管理 104

　　任务7-1　DHCP服务的安装与部署 108

　　任务7-2　配置作用域选项实现客户机对外通信 118

任务7-3　DHCP服务器的监视与管理 123

项目8　DHCP中继代理与访问控制列表的配置 130

　　任务8-1　实现DHCP中继服务的部署 136

　　任务8-2　访问控制列表的配置 143

项目9　FTP服务的管理 151

　　任务9-1　FTP服务器的安装及配置 155

　　任务9-2　FTP服务器权限配置 159

　　任务9-3　在一台服务器上创建多个FTP站点 166

　　任务9-4　Serv-U服务器的安装及配置 172

项目10　Web服务的管理 181

　　任务10-1　Web服务器的安装及静态网站的发布 184

　　任务10-2　动态网站的发布 188

　　任务10-3　在一台服务器上创建多个HTTP网站 191

　　任务10-4　通过FTP更新Web站点 198

项目11　NAT服务的配置 203

　　任务11-1　动态NAPT的配置 210

　　任务11-2　静态NAPT的配置 218

　　任务11-3　静态NAT的配置 221

项目12　邮件服务的配置 230

　　任务12-1　电子邮件服务的安装及配置 232

　　任务12-2　WinWebMail邮件服务器的安装及配置 240

项目13　虚拟化服务的配置 246

　　任务13-1　虚拟化服务的安装 248

　　任务13-2　配置Hyper-V中的快照 252

　　任务13-3　Hyper-V实时迁移配置 255

项目14　活动目录的部署 271

　　任务14-1　活动目录概述 271

　　任务14-2　构建林中的第一台域控制服务器 279

　　任务14-3　将用户和计算机加入到域 285

参考文献 291

项目 1

磁盘的配置与管理

 项目描述

公司新购置了一台高性能服务器作为公司的网络存储服务器，并且已经安装了 Windows Server 2012 R2 Datacenter 操作系统。为满足公司日常存储的具体需求，现需要对磁盘进行配置和管理，将公司存储在其他文件服务器上的数据集中存放在该存储服务器上，并为后续公司业务数据集中存储做准备。

 项目分析

Windows Server 2012 支持用户创建卷、压缩卷、扩展卷，创建带区卷、镜像卷和 RAID-5 卷。管理员可对磁盘进行以下操作。

- 查看磁盘配置信息。
- 创建卷。
- 压缩卷。
- 利用其他磁盘剩余空间扩展简单卷，扩展卷的容量。
- 在多个磁盘中创建跨区卷，创建拥有大容量的卷。
- 在多个磁盘中创建带区卷，提升卷的写入和读取速率。
- 在多个磁盘中创建镜像卷，实现卷数据的冗余备份。
- 在多个磁盘中创建RAID-5卷，实现卷数据的冗余备份，并提升卷的读取速率。

相关知识

1. 文件系统

在操作系统中，文件系统是在其中命名、存储、组织文件的综合结构。Windows 系统支持 FAT16、FAT32 和 NTFS 文件系统类型。

FAT（File Allocation Table）是"文件分配表"的意思。顾名思义，就是用来记录文件所在位置的表格。FAT16 使用了 16 位的空间来表示每个扇区（Sector）配置文件的情形，最多只能支持 2G 的分区。

FAT32 是 Windows 系统硬盘分区格式的一种。这种格式采用 32 位的文件分配表，使其对磁盘的管理能力大大增强，突破了 FAT16 对每一个分区的容量只有 2GB 的限制。由于现在的硬盘生产成本下降，其容量越来越大，运用 FAT32 的分区格式后，可以将一个大硬盘定义成一个分区而不必分为几个分区使用，大大方便了对磁盘的管理。但由于 FAT32 分区无法存放容量大于 4GB 的单个文件，且性能不佳，易产生磁盘碎片，目前已被性能更优异的 NTFS 分区格式所取代。

NTFS 是一种能够提供各种 FAT 文件系统所不具备的性能、安全性、可靠性与先进性的高级文件系统。举例来说，NTFS 通过标准事务日志功能与恢复技术确保卷的一致性。如果系统出现故障，NTFS 能够使用日志文件与检查点信息来恢复文件系统的一致性。

NTFS 还提供了安全性和 FAT 文件系统没有的高级功能。例如为共享资源、文件夹以及文件设置访问许可权限；磁盘配额，对用户使用磁盘空间进行管理等。

磁盘根据使用方式可以分为两类：基本磁盘和动态磁盘。

2．基本磁盘

基本磁盘使用主分区、扩展分区和逻辑驱动器组织数据。格式化的分区也称为基本卷（术语"卷"和"分区"通常交换使用）。基本磁盘只允许在同一硬盘上的连续空间划分为一个分区。我们平时使用的磁盘类型一般都是"基本磁盘"。在"基本磁盘"上最多只能建立四个分区，并且扩展分区数量最多只能为一个，因此一个硬盘最多可以有四个主分区或者三个主分区加一个扩展分区。如果想让一个硬盘有更多的分区需要创建扩展分区，然后在扩展分区内进行逻辑分区的划分。

3．动态磁盘

动态磁盘没有分区的磁盘概念，它以"卷"命名。动态磁盘可以包含无数个"动态卷"，其功能与基本磁盘上使用的主分区的功能相似。基本磁盘和动态磁盘之间的主要区别在于动态磁盘可以在计算机的两个或多个动态硬盘之间拆分或共享数据。例如，一个动态卷实际上可以由两个单独的硬盘的存储空间组成。所有动态磁盘上的卷都是动态卷，包括 5 种类型：简单卷、跨区卷、带区卷、镜像卷和 RAID-5 卷。

任务1-1　基本磁盘的配置与管理

任务背景

为满足公司对文件存储的需求，现对服务器磁盘中的卷进行管理，查看磁盘的配置信息，对磁盘的未分配空间创建简单卷，并将该卷平均分配为两个分区。

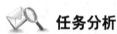
任务分析

在 Windows Server 2012 的磁盘管理界面可以非常方便地对磁盘进行简单卷的创建和压缩。

任务操作

1. 查看磁盘信息

（1）如果要查看磁盘的信息可以打开磁盘管理工具，方法如下：右击 选择【磁盘管理】，打开【磁盘管理】窗口，如图 1-1 所示。

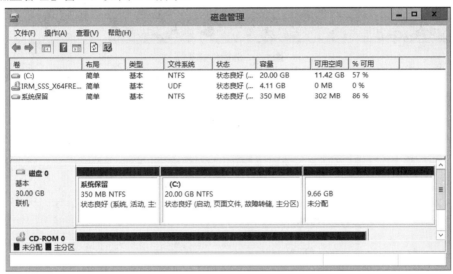

图1-1 **【磁盘管理】窗口**

（2）从【磁盘管理】窗口中，我们可以看到磁盘的基本信息，包括磁盘类型、大小、是否联机，分区（或卷）的大小、类型及空间使用情况等。

磁盘信息如图 1-2 所示，该磁盘为一个 30GB 的基本磁盘，其中有一个主分区（C 盘），大小为 20GB，类型为 NTFS，其余约 10GB 为未分配使用的空间。

图1-2 磁盘信息

2. 创建卷

（1）当需要创新卷时，可以在需要创建卷的磁盘的未分配空间右击，选择【新建简单卷】（注意：在没有多个磁盘或磁盘空间不足时，无法选择其他卷类型），如图 1-3 所示。

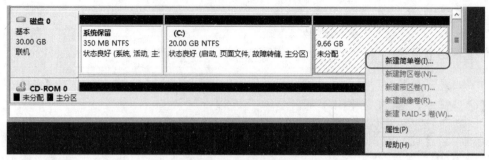

图1-3　选择创建类型

（2）在【新建简单卷向导】对话框中单击【下一步】，在【简单卷大小】文本框中输入需要创建卷的大小（默认值为可以使用的空间的最大值，单位为 MB），单击【下一步】继续，如图 1-4 所示。

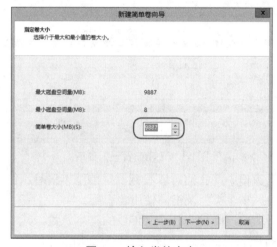

图1-4　输入卷的大小

（3）在弹出的【分配驱动器号和路径】对话框中，选择所需要分配的驱动器号，如 D 盘、E 盘等，单击【下一步】继续，如图 1-5 所示。

图1-5　指定驱动器号

（4）在弹出的【格式化分区】对话框中，选择文件系统类型（如NTFS），选择分配单元大小（即簇大小），最后选择【执行快速格式化】复选框，单击【下一步】执行新建简单卷并格式化的操作，如图1-6所示。

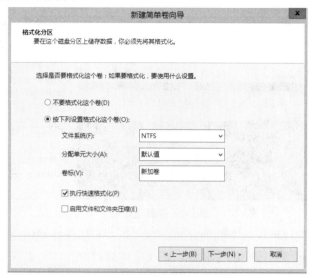

图1-6　格式化分区

（5）系统弹出【正在完成新建简单卷向导】对话框，显示当前所执行操作的相关信息，单击【完成】按钮完成新建简单卷的操作，如图1-7所示。

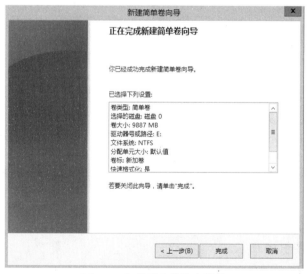

图1-7　完成新建简单卷操作

3. 压缩卷

当需要从已划分的卷中腾出空间来另作他用或将一个卷分成两个卷时，可以采用压缩卷的方式，该操作不会对被压缩的卷数据造成丢失。但是在进行卷压缩时，可压缩的空间为压缩前总空间的50%，并且不得超过可用空间的大小。

现假设需要将磁盘中的 E 盘一分为二，创建一个新卷用于数据库文件的存储。需要执行压缩卷操作，具体操作如下。

（1）右击需要进行压缩的卷，在弹出的菜单中选择【压缩卷】，如图 1-8 所示。

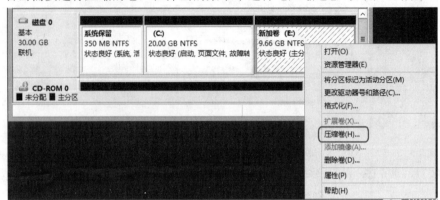

图1-8　选择压缩卷

（2）系统会自动进行可压缩空间的计算，得出当前可用于压缩的空间量，在【输入压缩空间量】文本框中输入需要压缩的空间量，在【压缩后的总计大小】文本框中显示压缩后的剩余空间，单击【压缩】按钮执行压缩卷操作，如图 1-9 所示。

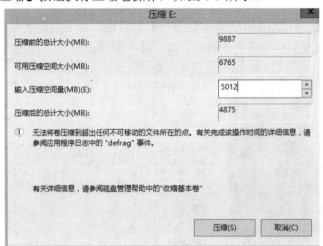

图1-9　输入压缩空间量

（3）压缩卷操作完成后，可以看到原卷的大小被缩小，并存在未分配空间，这时再执行新建卷操作即可，如图 1-10 所示。

图1-10　原卷已被压缩

任务1-2　动态磁盘的配置与管理

 任务描述

　　网络管理员通过任务 1-1 已经基本熟悉基本磁盘的配置与管理，但是公司希望管理员能尽快熟悉动态磁盘的相关技能，并为后续公司业务数据集中存储做准备。

 任务分析

　　本任务需要管理员完成以下工作任务。

- 在多个磁盘中创建跨区卷，创建拥有大容量的卷。
- 在多个磁盘中创建带区卷，提升卷的写入和读取速率。
- 在多个磁盘中创建镜像卷，实现卷数据的冗余备份。
- 在多个磁盘中创建RAID-5卷，实现卷数据的冗余备份，并提升卷的读取速率。

 任务操作

1．扩展卷

　　扩展卷是指当服务器中有部分卷空间不足时，可以通过将部分卷进行压缩或删除部分无用的卷，将有限的空间扩展到空间不足的卷中。如果在不同物理磁盘中进行扩展卷操作，扩展卷就形成了跨区卷，但跨区卷只能在动态磁盘中创建。

　　（1）安装好磁盘后，系统会自动对磁盘进行驱动程序的安装，但还需要对磁盘进行初始化才可以使用，方法如下。

　　打开磁盘管理工具，系统自动弹出【初始化磁盘】对话框（如果没有弹出，可以右击没有初始化的磁盘，选择【初始化】选项），可以看到新安装的磁盘。选择需要初始化的磁盘，并选择【MBR（主启动记录）】选项，单击【确定】按钮完成磁盘初始化，如图 1-11 所示。

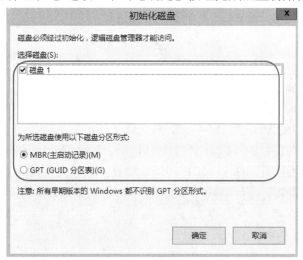

图1-11　磁盘初始化

（2）因为是在不同的磁盘进行扩展，所以必须将基本磁盘转换为动态磁盘。右击需要转换的磁盘，在弹出的菜单中选择【转换到动态磁盘】选项，如图1-12所示。

图1-12　选择需转换的磁盘

（3）在弹出的【转换为动态磁盘】对话框中，选择需要转换的磁盘，单击【确定】执行操作。

注意，如果对操作系统所在的磁盘进行转换，则警告该操作不可逆，即无法还原为基本磁盘，其他则可以。

（4）磁盘转换完成后，右击需要扩展的卷，在弹出的菜单中选择【扩展卷】选项，如图1-13所示。在弹出的【欢迎使用扩展卷向导】对话框，单击【下一步】。

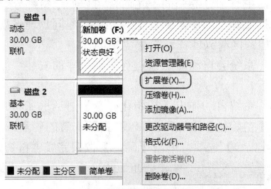

图1-13　选择需要扩展的卷

（5）在弹出的【选择磁盘】对话框中可以看到可用于扩展的磁盘。这里我们需要为原大小为30GB的D盘扩展至40GB，即需要选择两个磁盘用于扩展，其中一个使用全部空间，另一个使用10GB空间。在【已选的】列表框中选择【磁盘2】，并在【选择空间量】文本框中输入【10240】（10GB），如图1-14所示，单击【下一步】继续。

（6）在系统弹出的【完成扩展卷向导】对话框中，显示当前操作的相关信息，单击【完成】按钮。操作完成后，可以看到原来30GB的简单卷已扩展成为容量为40GB的跨区卷，并跨越了两个磁盘，其中磁盘2还有20GB的空间未分配，如图1-15所示。

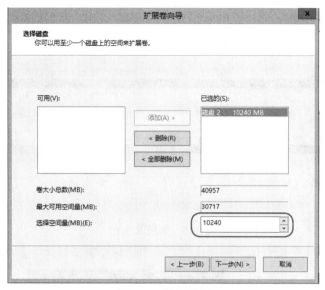

图1-14　选择磁盘

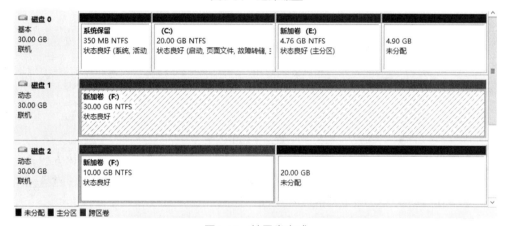

图1-15　扩展卷完成

2.带区卷

带区卷由两个或两个以上的物理磁盘空间组成，属于RAID-0阵列，主要适用于需要大量存储空间并且存储性能要求较高的场合，如文件服务器、视频服务器等。带区卷的管理较为简单，只有创建卷和删除卷。

公司由于业务的需求，需要新增一个大容量的文件服务器用于存储文件，需要对服务器进行配置，使服务器满足大容量且高性能的存储需求。

新服务器已安装操作系统，并已装入2个用于组建磁盘阵列的物理磁盘。

（1）首先对新加入的磁盘进行初始化，并转换为动态磁盘，如图1-16所示。

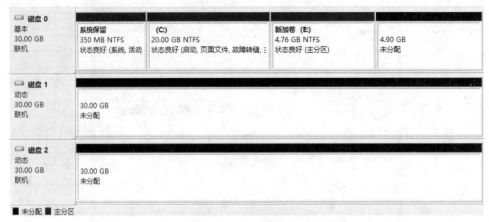

图1-16　创建前准备

（2）右击磁盘的未分配空间，在弹出的菜单中选择【新建带区卷】，如图1-17所示。

图1-17　新建带区卷

（3）在弹出的【欢迎使用新建带区卷向导】对话框中，单击【下一步】开始创建。在【选择磁盘】对话框中，添加用于组建带区卷的【磁盘1】和【磁盘2】，并设置各磁盘使用的空间大小，这里使用默认值，即全部的磁盘空间，如图1-18所示。

图1-18　选择磁盘

（4）选择【下一步】，然后对卷的属性进行设置，如驱动器、格式化文件类型等，与创建其他类型的卷操作一致，带区卷创建完成如图1-19所示，该带区卷拥有两个磁盘的全部空间，共60G。

图1-19　带区卷创建完成

（5）带区卷的删除较为简单，只要右击需要删除的部分，在弹出的菜单中选择【删除卷】即可，其他类型卷的删除操作类似，如图1-20所示。

注意，单个磁盘上的全部卷删除后，磁盘将转换为基本磁盘。

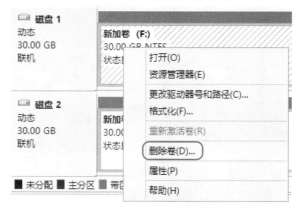

图1-20　删除卷

3. 镜像卷

镜像卷由两个物理磁盘或两个不同的存储空间组成，具有容错功能，其中一部分镜像损坏后可用另一镜像进行修复。镜像卷常用于操作系统的安装、数据库等重要数据文件的存储。

在本任务中分别取两个30G容量的硬盘创建一个可用空间大小为30G的镜像卷。

（1）右击用于组建镜像卷的磁盘的未分配空间，在弹出的菜单中选择【新建镜像卷】，如图1-21所示。

（2）在弹出的【欢迎使用新建镜像卷向导】对话框中，单击【下一步】开始创建。在【选择磁盘】对话框中，添加用于组建镜像卷的【磁盘1】和【磁盘2】，并设置各磁盘使用的空间大小，这里使用默认值，即全部的磁盘空间，如图1-22所示。

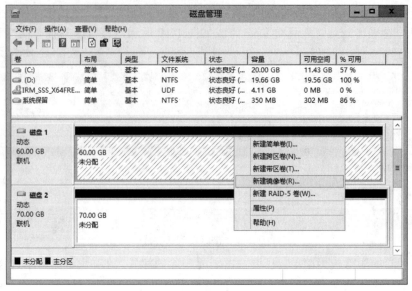

图1-21　新建镜像卷

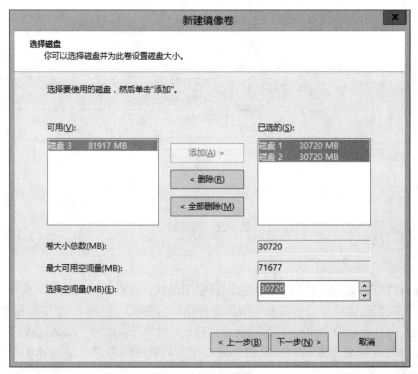

图1-22　新建镜像卷

（3）选择【下一步】，然后对卷的属性进行设置，如驱动器、格式化文件类型等，与创建其他类型的卷操作一致。单击【完成】，如图1-23所示。

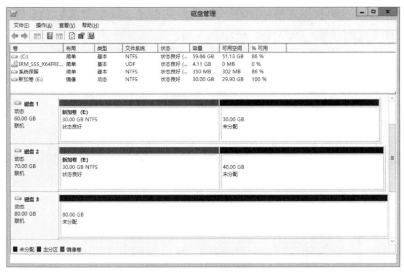

图1-23 查看镜像卷

4. RAID-5 卷

RAID-5 卷由 3 个物理磁盘空间组成，能实现性能的提升、单个卷空间的增加、数据的备份和容错等功能。RAID-5 卷主要用于对数据存储的安全和性能同样重要的场合，如数据库服务器、OA 系统、网络存储服务器等，RAID-5 卷的操作主要有创建卷、修复卷、删除卷等。

在 OA 服务器上安装 3 个容量相同的物理磁盘，并对磁盘进行初始化并转为动态磁盘。注意，如果磁盘空间大小不一致，所能创建的空间按最小容量的磁盘计算。

（1）右击转换后的动态磁盘，在弹出的菜单中选择【新建 RAID-5 卷】，如图 1-24 所示。

图1-24 新建RAID-5卷

（2）在弹出的【欢迎使用新建 RAID-5 卷向导】对话框中，单击【下一步】继续。在【选择磁盘】对话框中，从【可用】列表框中选择并添加用于创建 RAID-5 卷的磁盘到【已选的】

列表框中。选中【已选的】列表框中的任一磁盘，并在【选择空间量】文本框中输入该磁盘用于创建 RAID-5 卷的容量，单击【下一步】继续，如图 1-25 所示。

图1-25　新建RAID-5卷

（3）在弹出的【分配驱动器号和路径】对话框中，选择相应的驱动器号（一般采用默认设置即可），单击【下一步】继续。

（4）在弹出的【卷区格式化】对话框中，选择相应的文件系统类型、分配单元大小以及卷标，并选中【执行快速格式化】选项，对卷进行格式化设置。这里我们采用系统默认设置，单击【下一步】继续。

（5）在弹出的【正在完成新建 RAID-5 卷向导】对话框中，确认相关设置是否正确，如所选磁盘、卷大小、驱动器号、文件系统类型等，确认无误后，单击【完成】按钮。确认后系统将创建 RAID-5 卷，并对卷执行格式化，该过程会花费较长时间，如图 1-26 所示。

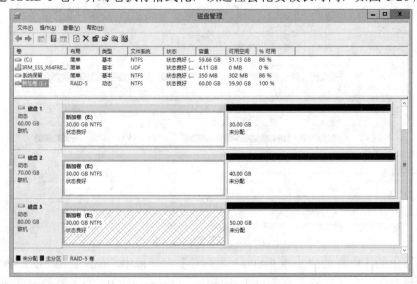

图1-26　查看RAID-5卷

习题与上机

一、理论习题

1. 在 Windows 2012 的动态磁盘中,具有容错力的是 _____。

A. 简单卷　　　　B. 跨区卷　　　　　　C. 镜像卷　　　　　　　D. RAID-5 卷

2. 下列基本磁盘升级为动态磁盘后的变化正确的是 _____。

A. 主磁盘分区——简单卷　　　　　　B. 扩展磁盘分区——简单卷

C. 镜像集——镜像卷　　　　　　　　D. 带区集——带区卷

3. 在以下文件系统类型中,能使用文件访问许可权的是 _____。

A. FAT16　　　　B. EXT　　　　　　C. NTFS　　　　　　　D. FAT32

二、项目实训题

1. 如何将基本磁盘转换为动态磁盘?

2. 动态磁盘如何转换为基本磁盘?

3. 如何实现硬盘分区,其中包括 2 个主分区,1 个扩展分区和 1 个活动分区?活动分区有什么作用?如果计算机只有 1 个硬盘,且该硬盘没有设置活动分区会有什么问题?

4. 如何将 1 个 NTFS 扩展分区装入到 1 个原 NTFS 分区的空白文件夹中,以拓展原 NTFS 分区的空间。

5. 某计算机有 2 个 40G 小硬盘,如何实现将这 2 个小硬盘合并成 1 个大约为 80G 的独立卷?

6. 某系统对磁盘写入速度要求极高,为提高某系统对磁盘的写入速度,该如何处理?

7. 公司要求对安装在某个卷的应用系统提供实时冗余备份,并且要求不降低该系统的写入及读取速度,该如何处理?

8. 公司要求对安装在某个卷的数据库提供实时冗余备份,并且要求提供 3 个以上的备份,该如何处理?

9. 什么是 RAID-0,什么是 RAID-5?镜像卷和 RAID-5 的异同是什么?

项目 *2*

局域网组建与故障排除

项目描述

    作为网络管理员，在公司局域网的日常管理中，同一个部门或协同办公的计算机间常需要通过局域网进行相互通信与资源共享，但在局域网组建过程中，常常出现计算机之间相互无法通信情况，作为网络管理员，应掌握局域网常见故障的检测和排除。

项目分析

    组建局域网需要了解以太网、局域网主要通信协议、以太网相关设备等知识，熟悉局域网故障检测方法、局域网常见故障排除方法。本项目将重点介绍以太网相关技术、局域网 MAC 和 ARP 协议。

相关知识

1. 以太网

    以太网最早由 Xerox（施乐）公司创建，在 1980 年，DEC、Intel 和 Xerox 3 家公司联合开发。以太网是应用最为广泛的局域网，包括标准的以太网 (10Mbps)、快速以太网 (100Mbps) 和 10G(10Gbps) 以太网，采用的是 CSMA/CD 访问控制法，它们都符合 IEEE 802.3。

    IEEE 802.3 规定了包括物理层的连线、电信号和介质访问层协议的内容。以太网是当前应用最普遍的局域网技术。它很大程度上取代了其他局域网标准，如令牌环、FDDI 和 ARCNET。随着 100M 以太网在 20 世纪末的飞速发展后，目前千兆以太网甚至 10G 以太网正在国际组织和领导企业的推动下不断拓展应用范围。

    （1）标准以太网

    标准以太网只有 10Mbps 的吞吐量，使用的是带有冲突检测的载波侦听多路访问 (CSMA/CD) 的访问控制方法。以太网可以使用粗同轴电缆、细同轴电缆、非屏蔽双绞线、屏蔽双绞线和光纤等多种传输介质进行连接，并且在 IEEE 802.3 标准中，为不同的传输介质制定了不同的物理层标准，在这些标准中前面的数字表示传输速度，单位是 Mbps，最后的一个数字表示单段传输介质的长度（基准单位是 100M），Base 表示基带。

    标准以太网的标准如下。

- 10Base-5 使用直径为0.4英寸、阻抗为50Ω的粗同轴电缆，也称粗缆以太网，最大网段长度为500m，基带传输方法，拓扑结构为总线型。
- 10Base-2 使用直径为0.2英寸、阻抗为50Ω的细同轴电缆，也称细缆以太网，最大网段长度为185m，基带传输方法，拓扑结构为总线型。
- 10Base-T 使用3类以上双绞线电缆，最大网段长度为100m，拓扑结构为星型。
- 10Base-F 使用光纤传输介质，传输速率为10Mbps，拓扑结构为星型。

（2）快速以太网

随着网络的发展，传统标准的以太网技术已难以满足日益增长的网络数据流量速度需求。1993 年 10 月，Grand Junction 公司推出了世界上第一台快速以太网集线器 Fastch10 / 100 和网络接口卡 FastNIC100，快速以太网技术正式得以应用。1995 年 3 月 IEEE 宣布了 IEEE 802.3u 100Base-T 快速以太网标准（Fast Ethernet）。快速以太网技术可以有效地保障用户在布线基础实施上的投资，它支持 3、4、5 类双绞线以及光纤的连接，能有效地利用现有的设施。

快速以太网的标准如下。

- 100Base-TX 是一种使用5类以上双绞线的快速以太网技术。它使用两对双绞线，一对用于发送，一对用于接收数据，支持全双工的数据传输，信号频率为125MHz。它的最大网段长度为100m，拓扑结构为星型。
- 100Base-FX 是一种使用光缆的快速以太网技术，可使用单模和多模光纤（62.5和125μm）。多模光纤连接的最大距离为550米，单模光纤连接的最大距离为3000m，它支持全双工的数据传输，拓扑结构为星型。100Base-FX特别适合于有电气干扰、较大距离连接或高保密等环境下的使用。

（3）千兆以太网

千兆位以太网是一种高速局域网，它可以提供 1Gbps 的通信带宽，采用和传统 10M、100M 以太网同样的 CSMA/CD 协议、帧格式和帧长，因此可以实现在原有低速以太网基础上平滑、连续性的网络升级。由于千兆以太网采用了与传统以太网、快速以太网完全兼容的技术规范，因此千兆以太网除了继承传统以太局域网的优点外，还具有升级平滑、实施容易、性价比高和易管理等优点，千兆以太网技术适用于大中规模的园区网主干，从而实现千兆主干、百兆交换到桌面的主流网络应用模式。

千兆以太网技术有两个标准：IEEE 802.3z 和 IEEE 802.3ab。IEEE 802.3z 制定了光纤和短程铜线连接方案的标准。IEEE 802.3ab 制定了 5 类双绞线较长距离连接方案的标准。

① IEEE 802.3z。

- IEEE 802.3z定义了基于光纤和短距离铜缆的全双工链路标准，实现1000Mbps传输速度。IEEE 802.3z千兆以太网标准如下。
- 1000Base-SX 传输介质为直径62.5μm或50μm的多模光纤，传输距离为220～550m。
- 1000Base-LX 传输介质为直径9μm或10μm的单模光纤，传输距离为5000m。
- 1000Base-CX 传输介质为150Ω屏蔽双绞线（STP），传输距离为25m。
- 1000Base-TX 传输介质为6类以上双绞线，用两对线发送，两对线接收，每对线支持500Mbps的单向数据速率，速率为1Gbps，最大电缆长度为100m。由于每对线缆本身不进行双向的传输，线缆之间的串扰就大大降低。这种技术对网络的接口要求比较低，不需要非常复杂的电路设计，降低了网络接口的成本。但要达到1000Mbps的传输速率，要求带宽就超过100MHz，所以要求使用6类以上双绞线（两对线接收，两对线发送，网络设备无须回声消除技术，只有6类或更高的布线系统才能支持）。

② IEEE 802.3ab。

IEEE 802.3ab 定义了基于 5 类 UTP 的 1000Base-T 标准，其目的是在 5 类 UTP 上实现1000Mbps 传输速度。IEEE802.3ab 标准的意义主要有两点。

- 保护用户在5类UTP布线系统上的投资。
- 1000Base-T是100Base-T自然扩展，与10Base-T、100Base-T完全兼容。不过，在5类UTP上达到1000Mbps的传输速率需要解决5类UTP的串扰和衰减问题。

IEEE 802.3ab 千兆以太网的标准如下。

- 1000Base-T 传输介质为5类以上双绞线，用两对线发送，两对线接收，每对线支持250Mbps的双向数据速率（半双工），速率为1Gbps，最大电缆长度为100m。如果要全双工传输数据，则要求网络设备支持串扰/回声消除技术，并且布线系统必须为超5类以上。1000Base-T不支持8B/10B编码方式，而是采用更加复杂的编码方式。1000Base-T的优点是用户可以在原来100Base-T的基础上进行平滑升级到1000Base-T。

（4）万兆以太网

10G 以太网于 2002 年 7 月由 IEEE 通过，万兆以太网规范包含在 IEEE 802.3 标准的补充标准 IEEE 802.3ae 中，旨在完善 IEEE 802.3 协议，提高以太网带宽，将以太网应用扩展到城域网和广域网，并与原有的网络操作和网络管理保持一致。

万兆以太网是一种数据传输高达 10Gbps、通信距离可延伸到 40km 的以太网，它是在以太网技术的基础上发展起来的，但它只适用于全双工通信，并只能使用光纤传输介质，所以它不再使用 CSMA/CD。除此之外，万兆以太网和以太网间的不同之处还在于万兆以太网标准中包含了广域网的物理层协议，所以万兆以太网不仅可以应用于局域网，也可以应用于城域网和广域网，它能使局域网和城域网实现无缝连接，其应用范围更为广泛。网络技术人员可以采用统一的网络技术构建高性能的园区网、城域网和广域网。

- 10G以太网最主要的特点有以下内容。
- 保留802.3以太网的帧格式。
- 保留802.3以太网的最大帧长和最小帧长。
- 只使用全双工工作方式，完全改变了传统以太网的半双工的广播工作方式。
- 只使用光纤作为传输媒体而不使用铜线。
- 使用点对点链路，支持星型结构的局域网。
- 10G以太网数据率非常高，不直接和端用户相连。
- 创造了新的光物理媒体相关（PMD）子层。

2. MAC 地址与 ARP 协议

（1）MAC 地址

MAC（Medium/Media Access Control，介质访问控制）地址是烧录在网卡里的。MAC 地址，也叫硬件地址，是由 48 bit 长（6 Byte），16 进制的数字组成，如 00-1F-3B-43-CF-97。

在网络底层的物理传输过程中，通过物理地址来识别主机，物理地址一般也是全球唯一的。比如以太网卡，其物理地址是48bit的整数，如00-1F-3B-43-CF-97，以机器可读取的方式存入主机接口中。以太网地址管理机构将以太网地址，也就是48bit的不同组合，分为若干独立的连续地址组，生产以太网网卡的厂家就购买其中一组，具体生产时，逐个将唯一地址赋予以太网卡。

形象地说，MAC地址就如同我们身份证上的身份证号码，具有全球唯一性特点。

（2）ARP协议

IP数据包常通过以太网发送，以太网设备并不识别32位IP地址，它们是以48位以太网地址传输以太网数据包。因此，必须把IP目的地址转换成以太网目的地址。在以太网中，一个主机要和另一个主机进行直接通信，必须要知道目标主机的MAC地址。但这个目标MAC地址是如何获得的呢？它是通过地址解析协议获得的。ARP（Address Resolution Protocol）协议用于将网络中的IP地址解析为硬件地址（MAC地址），以保证通信的顺利进行。

① ARP报头结构。

ARP和RARP使用相同的报头结构，如表2-1所示。

表2-1　ARP报头结构

硬件类型		协议类型	
硬件地址长度	协议长度	操作类型	
发送方的硬件地址（0～3字节）			
源物理地址（4～5字节）		源IP地址（0～1字节）	
源IP地址（2～3字节）		目标硬件地址（0～1字节）	
目标硬件地址（2～5字节）			
目标IP地址（0～3字节）			

硬件类型：指明发送方想知道的硬件接口类型，以太网的值为1。

协议类型：指明发送方提供的高层协议类型，IP为0800（16进制）。

硬件地址长度和协议长度：指明硬件地址和高层协议地址的长度，这样ARP报文就可以在任意硬件和任意协议的网络中使用。

操作类型：用来表示这个报文的类型，ARP请求为1，ARP响应为2，RARP请求为3，RARP响应为4。

发送方的硬件地址（0～3字节）：源主机硬件地址的前3个字节。

源物理地址（4～5字节）：源主机硬件地址的后3个字节。

源IP地址（0～1字节）：源主机硬件地址的前2个字节。

源IP地址（2～3字节）：源主机硬件地址的后2个字节。

目标硬件地址（0～1字节）：目的主机硬件地址的前2个字节。

目标硬件地址（2～5字节）：目的主机硬件地址的后4个字节。

目标IP地址（0～3字节）：目的主机的IP地址。

② ARP的工作原理。

ARP的工作流程如图2-1所示。

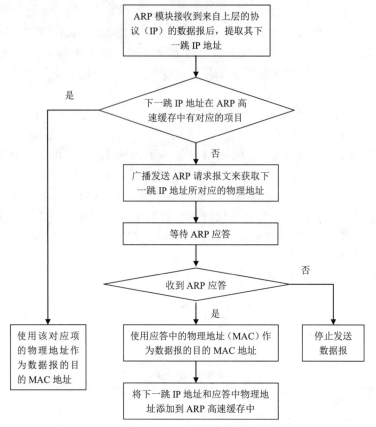

图2-1 ARP的工作流程

- 首先，每台主机都会在自己的ARP缓冲区（ARP Cache）中建立一个 ARP列表，以表示IP地址和MAC地址的对应关系。
- 当源主机需要将一个数据包要发送到目的主机时，会首先检查自己 ARP列表中是否存在该 IP地址对应的MAC地址，如果有，就直接将数据包发送到这个MAC地址；如果没有，就向本地网段发起一个ARP请求的广播包，查询此目的主机对应的MAC地址。此ARP请求数据包包括源主机的IP地址、硬件地址及目的主机的IP地址。
- 网络中所有的主机收到这个ARP请求后，会检查数据包中的目的IP是否和自己的IP地址一致。如果不相同就忽略此数据包；如果相同，该主机首先将发送端的MAC地址和IP地址添加到自己的ARP列表中，如果ARP表中已经存在该IP的信息，则将其覆盖，然后给源主机发送一个 ARP响应数据包，告诉对方自己是它需要查找的MAC地址。
- 源主机收到这个ARP响应数据包后，将得到的目的主机的IP地址和MAC地址添加到自己的ARP列表中，并利用此信息开始数据的传输。如果源主机一直没有收到ARP响应数据包，表示ARP查询失败。

任务2-1 组建局域网

 任务描述

某公司业务部拥有 3 台计算机，业务部网络拓扑如图 2-1 所示。网络管理员需要根据网络拓扑为这些计算机配置 IP 地址，实现业务部计算机之间的互连互通。

PC1   PC2   PC3
172.16.1.1/24   172.16.1.2/24   172.16.1.3/24

图2-2 业务部网络拓扑

 任务分析

在确认业务部的各台计算机已经安装好操作系统和网络适配器驱动程序后，接下来需要根据图 2-1 所示，将 IP 地址配置到 3 台计算机中，并进行 IP 配置和计算机间连通性测试。

 任务操作

1. IP 的配置与测试

将 3 个 IP 分别配置到 3 台计算机中，计算机 1 的 IP 配置如图 2-3 所示。(另外两台配置略)

图2-3 计算机1的IP配置

2. 主机 IP 配置测试

配置好 IP 地址后，Windows 系统需要将它写入系统配置文件中，用户应该通过 ipconfig 命令调用系统配置文件，查看 IP 配置结果。

将 IP 配置好后，可以通过 ipconfig/all 命令查看计算机的配置。

计算机 1 的配置情况如图 2-4 所示。

```
C:\>ipconfig/all
......(省略部分显示信息 )
   物理地址. . . . . . . . . . . . . : 00-03-FF-44-CF-97
   IPv4 地址 . . . . . . . . . . . . : 172.16.1.1
   子网掩码 . . . . . . . . . . . . : 255.255.255.0
......(省略部分显示信息 )
```

图2-4　计算机1的配置情况

计算机 2 的配置情况如图 2-5 所示。

```
C:\>ipconfig/all
......(省略部分显示信息 )
   物理地址. . . . . . . . . . . . . : 02-00-4C-4F-4F-50
   IPv4 地址 . . . . . . . . . . . . : 172.16.1.2
   子网掩码 . . . . . . . . . . . . : 255.255.255.0
......(省略部分显示信息 )
```

图2-5　计算机2的配置情况

计算机 3 的配置情况如图 2-6 所示。

```
C:\>ipconfig/all
......(省略部分显示信息 )
   物理地址. . . . . . . . . . . . . : 00-03-FF-4A-CF-97
   IPv4 地址 . . . . . . . . . . . . : 172.16.1.3
   子网掩码 . . . . . . . . . . . . : 255.255.255.0
......(省略部分显示信息 )
```

图2-6　计算机3的配置情况

注意：在实际运用中，经常会出现界面配置结果与 ipconfig 命令执行结果不一致情况，这时可以通过插拔网线或者禁用 / 启用 网卡方式解决。

计算机的互连互通测试

在确认 IP 地址正确配置后，就可以通过 Ping 命令测试计算机间能否相互通信。在 3 台机器中分别运行 Ping 目标 IP 命令，测试本机能否访问另外两台计算机。

图 2-7 是在第一台计算机上运行 Ping 命令的执行结果。

```
C:\>ping 172.16.1.2
正在 Ping 172.16.1.2 具有 32 字节的数据：
来自 172.16.1.2 的回复：字节 =32 时间 =1ms TTL=128
来自 172.16.1.2 的回复：字节 =32 时间 <1ms TTL=128
来自 172.16.1.2 的回复：字节 =32 时间 <1ms TTL=128
来自 172.16.1.2 的回复：字节 =32 时间 <1ms TTL=128
```

图2-7　Ping命令执行结果

```
172.16.1.2 的 Ping 统计信息：
    数据包：已发送 = 4，已接收 = 4，丢失 = 0 (0% 丢失)，
往返行程的估计时间（以毫秒为单位）：
    最短 = 0ms，最长 = 1ms，平均 = 0ms


C:\>ping 172.16.1.3
正在 Ping 172.16.1.3 具有 32 字节的数据：
来自 172.16.1.3 的回复：字节 =32 时间 <1ms TTL=128
来自 172.16.1.3 的回复：字节 =32 时间 <1ms TTL=128
来自 172.16.1.3 的回复：字节 =32 时间 <1ms TTL=128
来自 172.16.1.3 的回复：字节 =32 时间 <1ms TTL=128
172.16.1.3 的 Ping 统计信息：
    数据包：已发送 = 4，已接收 = 4，丢失 = 0 (0% 丢失)，
往返行程的估计时间（以毫秒为单位）：
    最短 = 0ms，最长 = 0ms，平均 = 0ms
```

图2-7 Ping命令执行结果（续）

由图 2-7 可以看到计算机 1 实现了与另外两台计算机之间的通信，并且已经学习了对方的 MAC 地址。查看本机的 IP-MAC 的映射表可以通过 arp -a 命令查看，如图 2-8 所示。

```
C:\>arp -a
接口 : 172.16.1.1 --- 0xa
    Internet 地址          物理地址              类型
    172.16.1.2            02-00-4c-4f-4f-50      动态
    172.16.1.3            00-03-ff-4a-cf-97      动态
```

图2-8 arp -a命令执行结果

通过图 2-8 可以看出计算机 1 成功学习到另外两台计算机的 MAC 地址，并且与其 IP 地址想对应。关于另外两台计算机的 Ping IP 和 arp -a 命令的执行结果，用户可以自己执行验证。

注意：Windows Server 2012 默认启用了 Windows 防火墙，当没有更改任何设置时，用户在执行 Ping IP 命令时，如图 2-9 所示为 Ping 172.16.1.2 命令执行结果。

```
C:\>ping 172.16.1.2
正在 Ping 172.16.1.2 具有 32 字节的数据：
请求超时。
请求超时。
请求超时。
请求超时。
172.16.1.2 的 Ping 统计信息：
数据包：已发送 = 4，已接收 = 0，丢失 = 4 (100% 丢失)
```

图2-9 Ping 172.16.1.2命令执行结果

为满足网络测试需求，网管中心希望暂时禁用 Windows Server 2012 计算机的"Windows 防火墙"。具体步骤如下。

（1）单击【网络和共享中心】窗口的【Windows 防火墙】链接。网络和共享中心窗口如图 2-10 所示。

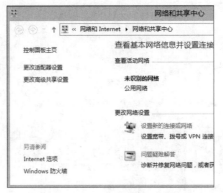

图2-10　网络和共享中心窗口

（2）单击【Windows 防火墙】窗口中的【启用或关闭 Windows 防火墙】链接。【Windows 防火墙】窗口如图 2-11 所示。

图2-11　Windows防火墙窗口

（3）单击 Windows 防火墙的【自定义设置】窗口中【公用网络设置】中的【关闭 Windows 防火墙（不推荐）】选项，单击【确定】按钮即可关闭 Windows 防火墙。Windows 防火墙的自定义设置窗口如图 2-12 所示。

图2-12　Windows防火墙的自定义设置窗口

任务2-2　局域网故障排除

任务描述

网络管理员根据任务2-1配置好3台计算机后，发现计算机还是无法实现互连互通，网络管理员需要尽快对网络故障进行检测，找到网络故障位置并排除故障。

任务分析

依据局域网工作原理，从物理层到数据链路层进行排查故障，局域网故障的排除可以按照以下步骤完成。

- 检测通信信号。
- 检测TCP/IP协议是否正常加载。
- 测试计算机TCP/IP是否正确配置。
- 测试计算机同局域网内其他主机之间的通信。

任务操作

1. 检测通信信号

计算机和交换机在网络连通后，都会有相应的指示灯亮，不同的设备灯的个数和颜色分别标志不同的速率。

例如计算机的网卡默认为自适应速度，这里以百兆网卡为例，则如果接入带宽为百兆全双工，则 Link/Activty 和 Duplex 灯都会亮；如果接入速度为 10Base-T，则只有一个灯会亮；如果 Link/Activty 灯闪动说明正在交换数据。

故障定位与排除方法如下所示。

（1）重新接插跳线，如果故障依然存在则可以更换跳线测试。

（2）当跳线不存在问题时，则可以通过简单测线仪进行永久链路的通断测试，该项测试可以检测端接模块和线缆内部是否短路、开路和接线图故障，特别是端接模块故障。因为网络面板内的端接模块常常被用户拔插操作，并且常年暴露在空气中，容易氧化和老化，所以可能会出现短路、开路（弹簧片没有弹性导致）和接触不良等问题。用户可以通过重新更换端接模块来解决。

2. 检测 TCP/IP 协议是否正常加载

计算机在安装网络适配器驱动或者重新配置 TCP/IP 时，可能导致系统 TCP/IP 协议加载错误，并导致通信故障。

"127.0.0.1"是一个环回地址，用户可以通过 Ping 127.0.0.1 命令来验证本地计算机是否成功安装了 TCP/IP。Ping 127.0.0.1 命令执行结果如图 2-13 所示。

```
C:\>Ping 127.0.0.1
正在 Ping 127.0.0.1 具有 32 字节的数据：
来自 127.0.0.1 的回复：字节=32 时间<1ms TTL=128
来自 127.0.0.1 的回复：字节=32 时间<1ms TTL=128
来自 127.0.0.1 的回复：字节=32 时间<1ms TTL=128
来自 127.0.0.1 的回复：字节=32 时间<1ms TTL=128
127.0.0.1 的 Ping 统计信息：
    数据包：已发送 = 4，已接收 = 4，丢失 = 0 (0% 丢失)，
往返行程的估计时间（以毫秒为单位）：
    最短 = 0ms，最长 = 0ms，平均 = 0ms
```

图2-13　Ping 127.0.0.1命令执行结果一

图 2-13 显示该计算机成功安装了 TCP/IP，如果协议加载错误，则 Ping 127.0.0.1 执行结果如图 2-14 所示。

```
C:\>Ping 127.0.0.1
正在 Ping 127.0.0.1 具有 32 字节的数据：
PING: 传输失败，错误代码 1231。
PING: 传输失败，错误代码 1231。
PING: 传输失败，错误代码 1231。
PING: 传输失败，错误代码 1231。
127.0.0.1 的 Ping 统计信息：
    数据包：已发送 = 4，已接收 = 0，丢失 = 4 (100% 丢失)
```

图2-14　Ping 127.0.0.1命令执行结果二

"错误代码 1231"是指不能访问网络位置，目标主机无法到达。127.0.0.1 是给本机 loopback 接口所预留的 IP 地址，它是为了让上层应用联系本机。当数据传输到 IP 层发现目的地址是自己，则会被回环驱动程序送回。因此通过这个地址也可以测试 TCP/IP 的安装是否成功。

出现加载错误可以通过下面的步骤修复。

（1）在【设备管理器】对话框中选择【网络适配器】，在下拉列表中可以看到本机安装的网络适配器的列表。如果计算机安装有多个网络适配器，用户可以选择出现网络故障的相应的网络适配器右击，在快捷菜单中选择【卸载】，如图 2-15 所示。

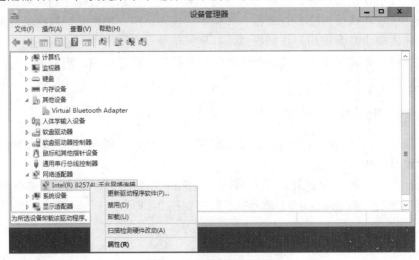

图2-15　卸载网络适配器

（2）卸载后，选择【设备管理器】对话框的【操作】选项，在菜单中单击【扫描检测硬件改动】，系统会自动搜索新硬件，并安装相应驱动，相应的 TCP/IP 驱动也会自动重新加载，如图 2-16 所示。

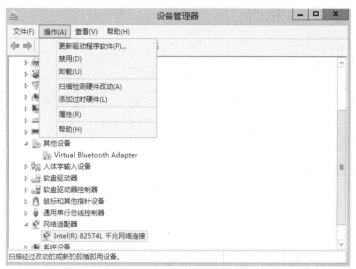

图2-16　扫描检测硬件改动

3. 测试计算机 TCP/IP 是否正确配置

在给计算机配置 IP 地址操作时，计算机需要将用户的配置写入系统配置文件。但是 Windows 系统在写入配置文件时并不是 100% 成功，但写入失败时，计算机将无法正常通信，而这种故障往往较为隐蔽。我们需要通过 ipconfig/all 命令查看系统网络的详细配置信息，确认用户配置的 IP 与系统配置文件的 IP 一致。

例如给一台计算机配置"IP：172.16.1.1 / 掩码：255.255.255.0"后，用户可以通过 ipconfig/all 命令看到如图 2-17 所示结果。

```
C:\>ipconfig/all
......（省略部分显示信息）
    物理地址 . . . . . . . . . . . . . . : 00-03-FF-44-CF-97
    IPv4 地址 . . . . . . . . . . . . . : 172.16.1.1（首选）
    子网掩码 . . . . . . . . . . . . . : 255.255.255.0
......（省略部分显示信息）
```

图2-17 ipconfig/all命令结果

如果系统写入失败，则该命令显示的 IP 将不是用户刚刚设定的 IP，它有可能是以下情况。
- 变更前的IP地址。
- IP地址为0.0.0.0/0。
- 169.254网段的一个随机IP（DHCP获取失败导致，具体查看DHCP服务一章）。

如果出现前两种错误情况，我们只需要通过以下操作方法来排除故障。

（1）先禁用网卡，然后启用网卡。

（2）拔出网线，然后重新插上。

如果是第3种错误情况，则是因为配置的 IP 地址和原局域网的其他 IP 地址一致，引发 IP 冲突，这时，通常计算机会给出警告。如果出现 IP 冲突情况，计算机将给本机随机分配一个 169.254/16 网段的一个随机 IP，我们可以通过 ipconfig/all 命令查看该计算机的配置。IP 冲突下的 IP 配置信息如图 2-18 所示。

```
C:\>ipconfig/all
......（省略部分显示信息）
    DHCP 已启用 . . . . . . . . . . . . . ：否
    自动配置已启用 . . . . . . . . . . . ：是
    自动配置 IPv4 地址 . . . . . . . . ：169.254.250.142（首选）
    子网掩码 . . . . . . . . . . . . . ：255.255.0.0
    IPv4 地址 . . . . . . . . . . . . . ：172.16.1.1（复制）
    子网掩码 . . . . . . . . . . . . . ：255.255.255.0
......（省略部分显示信息）
```

图2-18　P冲突下的IP配置信息

这时，用户应该重新核对局域网 IP 分配情况，确认冲突的两台计算机对应的 IP 地址，并重新分配两个不同的 IP 给它们。

4. 测试计算机同局域网其他主机之间的通信

在计算机内部 TCP/IP 正常加载和配置后，用户可以通过 Ping 命令测试计算机与局域网其他计算机之间能否通信，Ping 172.16.1.2 命令结果如图 2-19 所示。

```
C:\>Ping 172.16.1.2
正在 Ping 172.16.1.2 具有 32 字节的数据：
来自 172.16.1.2 的回复：字节=32 时间=1ms TTL=128
来自 172.16.1.2 的回复：字节=32 时间<1ms TTL=128
来自 172.16.1.2 的回复：字节=32 时间<1ms TTL=128
来自 172.16.1.2 的回复：字节=32 时间<1ms TTL=128
172.16.1.2 的 Ping 统计信息：
    数据包：已发送 = 4，已接收 = 4，丢失 = 0（0% 丢失），
往返行程的估计时间（以毫秒为单位）：
    最短 = 0ms，最长 = 1ms，平均 = 0ms
```

图2-19　Ping 172.16.1.2命令结果

但是如果出现网络故障，则 Ping 命令会出现异常结果，下面就常见的异常结果做分析。Ping 命令异常结果如图 2-20 所示。

```
C:\>Ping 172.16.1.3
正在 Ping 172.16.1.3 具有 32 字节的数据：
请求超时。
请求超时。
请求超时。
请求超时。
172.16.1.3 的 Ping 统计信息：
    数据包：已发送 = 4，已接收 = 0，丢失 = 4（100% 丢失），
```

图2-20　Ping令异常结果

此时，存在几种可能性，下面根据各种不同的可能性做故障现象分析，并排除故障。

（1）对方主机拒绝 ICMP 回复

如果目标主机安装了防火墙（如 Windows Server 2012 默认启用了"Windows 防火墙"或者其他操作系统安装了过滤软件，如 360 杀毒等），此时，在运行 ping 命令时就会出现"请求超时"现象。

在运行 Ping 命令时，ARP 协议会尝试解析目标主机（IP）的 MAC 地址，如果对方存在，则会主动响应 ARP，此时本机应该在 ARP 缓存中记录目标主机的 IP-MAC 映射记录。我们可以运行 arp -a 命令查看结果。arp -a 命令结果如图 2-21 所示。

```
C:\>arp -a
接口：172.16.1.1 --- 0xb
   Internet 地址          物理地址                 类型
   172.16.1.3            00-03-ff-4a-cf-97        动态
......（省略部分显示信息）
```

图2-21　arp -a命令结果

实验证明本机和目标主机间通信成功，如果用户希望目标主机不过滤 ICMP 包，可以关闭防火墙。

注意：Ping 返回错误并不代表目标主机无法连通，此时可以通过 ARP 命令来进一步验证。

（2）对方主机不存在

如果对方的 IP 没有正确配置或者对方主机不存在，则用户在 Windows Server 2012 上运行命令，Ping 172.16.1.4 命令结果如图 2-22 所示。

```
C:\>Ping 172.16.1.4
正在 Ping 172.16.1.4 具有 32 字节的数据：
来自 172.16.1.1 的回复：目标主机无法访问。
来自 172.16.1.1 的回复：目标主机无法访问。
来自 172.16.1.1 的回复：目标主机无法访问。
来自 172.16.1.1 的回复：目标主机无法访问。
172.16.1.4 的 Ping 统计信息：
   数据包：已发送 = 4，已接收 = 4，丢失 = 0 (0% 丢失)，
```

图2-22　Ping 172.16.1.4命令结果

如果在 Windows Server 2003 或者 Windows XP 系统中运行命令时，则不会出现"目标主机无法访问"的提示，只会显示"请求超时"。此时用户必须到目标机器上检查 IP 配置。

（3）本机 ICMP 通信故障

如果本机的 ARP 表也不存在对方主机的 MAC 记录，则需要到目标主机上做进一步测试。此时，如果目标主机与其他计算机通信正常，而本机始终无法与其他计算机通信，则本机的 ICMP 协议可能出现故障。

5. 其他非常见故障的排查

（1）永久链路性能故障

永久链路一般在工程验收时都做过验收测试，并且该链路出现故障的概率较低，除非工程验收后又在线缆附近安装了大功率的电器，导致线缆经过该区域时受到强电磁场而导致信

号衰减和失真。

如果在没有经专业人员指导下改动网络链路，也可能因为二次施工导致线缆内部结构被破坏而导致串扰、回波损耗等故障。

如果考虑线缆通信质量问题可以通过福禄克／安捷伦线缆认证测试仪进行故障测试，仪表的测试结果可以进行故障定位，用户可以根据故障位置进行修复。如果无法修复就只能重新布线。

（2）网卡硬件故障

网络适配器在使用过程中，可能会由于静电、短路等原因导致网络适配器损坏，有时会损坏一些元件。有些元件的损坏只会影响网络的通信，但是计算机可以正确识别网络适配器，并正确安装相应的驱动。这种故障隐蔽性较强，用户如果尝试以上所有故障排查后，仍然无法解决，可以尝试更换一个网络适配器来验证。

如果网卡硬件故障，则必须更换。

习题与上机

一、理论习题

1. ARP 协议的主要功能是（　　）。

A. 将 IP 地址解析为物理地址　　　　　B. 将物理地址解析为 IP 地址

C. 将主机名解析为 IP 地址　　　　　　D. 将 IP 地址解析为主机名

2. 以下（　　）不属于数据链路层的功能。

A. 组帧　　　　　B. 物理编址　　　　　C. 接入控制　　　　　D. 服务点编址

3. 在 Cat5e 传输介质上运行千兆以太网的协议是（　　）。

A. 100Base-T　　　B. 1000Base-T　　　C. 1000Base-TX　　　D. 1000Base-LX

4. MAC 地址的位数是（　　）。

A. 16　　　　　　B. 32　　　　　　C. 48　　　　　　D. 64

5. OSI 第二层采用哪种编址方式（　　）？

A. IP　　　　　　B. 端口　　　　　　C. 主机名　　　　　D. 物理地址

6. 以下对 MAC 地址描述正确的是（　　）。

A. 由 32 位 2 进制数组成　　　　　　B. 由 48 位 2 进制数组成

C. 前 6 位 2 进制由 IEEE 分配　　　　D. 后 6 位 16 进制由 IEEE 分配

二、项目实训题

财务部的 4 台计算机已经提前连接好网络线路，并分别接入了一台普通交换机上，请配置财务部的 4 台计算机，组建财务部局域网，财务部网络拓扑如图 2-23 所示。

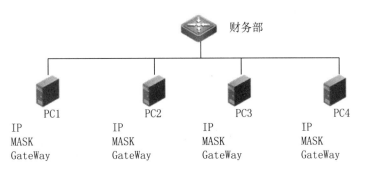

图2-23　财务部网络拓扑

要求：给4台计算机分别配置一个IP地址，并测试这4台计算机之间能否相互通信。并思考如何判断这4台计算机已经实现相互通信？

参考命令：IPCONFIG，ARP，PING 等。

项目结论：　　写出项目现象和项目结果。

用户与组的创建与管理

项目描述

公司为后续部署 Windows Server 2012 系统，在一台计算机上安装了 Windows Server 2012 做系统测试。为满足不同部门网络管理人员对该计算机的访问，需要为这些部门管理员创建访问账户和配置访问权限。

项目分析

Windows Server 2012 是微软的一个多用户多任务服务器系统，使用者可以通过创建账户实现对该系统的访问。

Windows Server 2012 内置了大量的组账户，每一个组账户对应系统特定的权限。因此对用户账户的授权其实是通过设置用户账户隶属组来完成的。

相关知识

Windows Server 2012 是一个多用户多任务的分时操作系统，每一个使用者都必须申请账号才能登录进入系统使用资源。用户使用账号登录，一方面可以帮助管理员对进入系统的用户账户进行跟踪，并控制他们对系统资源的访问；另一方面也可以利用组账户帮助管理员简化对同类用户的控制操作，降低管理的难度。

1．本地用户账户

本地用户账户对应对等网的工作组模式，建立在非域控制器的 Windows Server 2012 独立服务器、成员服务器及其他 Windows 客户端。本地账户只能在本地计算机上登录，无法访问域中其他计算机资源。

本地计算机上都有一个管理账户数据的数据库，称为安全账户管理器 SAM。SAM 数据库文件路径为系统盘下 \Windows\system32\config\SAM。在 SAM 中，每个账户被赋予唯一的安全识别号（SID），用户要访问本地计算机，都需要通过该机 SAM 中的 SID 验证。

2．内置账户

Windows Server 2012 中还有一种账户叫内置账户，它与服务器的工作模式无关。当 Windows Server 2012 安装完毕后，系统会在服务器上自动创建一些内置账户，Administrator 和 Guest 是最重要的两个内置账户。

- Administrator（系统管理员）拥有最高的权限，管理着Windows Server 2012系统和域。系统管理员的默认名字是Administrator，可以更改系统管理员的名字，但不能删除该账户。该账户无法被禁止，永远不会到期，不受登录时间和只能使用指定计算机登录的限制。
- Guest（来宾）是为临时访问计算机的用户提供的，该账户自动生成，且不能被删除，可以更改名字。Guest只有很少的权限，默认情况下，该账户被禁止使用。例如当希望局域网中的用户都可以登录到自己的计算机，但又不愿意为每一个用户建立一个账户时，就可以启用Guest。

3．组的概念

为了简化对用户账户的管理工作，Windows Server 2012 中提供了组的概念。组是指具有相同或者相似特性的用户集合，当要给一批用户分配同一个权限时，就可以将这些用户都归到一个组中，只要给这个组分配此权限，组内的用户就会自动拥有此权限。这里的组就相当于一个班级或一个部门，班级里的学生、部门里的工作人员就是用户。

例如，同一个班级的学生可能需要访问很多相同的资源，这时不用逐个向该班级的学生授予对这些资源的访问权限，而是可以使这些学生都成为同一个组的成员，以使用户自动获得该组的权限。如果某个学生有退学、转专业等变动，只需将该用户从组中删除，所有访问权限即会随之撤销。与逐个撤销对各资源的访问权限相比，这种方式实现方便，大大减少了管理员的工作量。

在 Windows Server 2012 中，用组账户来表示组，用户只能通过用户账户登录计算机，不能通过组账户登录计算机。

4．内置本地组

内置本地组是在系统安装时默认创建的，并被授予特定权限以方便计算机的管理。常见的内置本地组有如下几个。

- Administrators：在系统内拥有最高权限，拥有赋予权限，可添加系统组件、升级系统、配置系统参数、配置安全信息等。内置的系统管理员账户是Administrators组的成员。如果这台计算机加入到域中，则域管理员自动加入到该组，并且拥有系统管理员的权限。属于Administrators组的用户都具备系统管理员的权限，拥有对这台计算机最大的控制权，内置的系统管理员Administrator就是此本地组的成员，而且无法将其从此组中删除。
- Guests：内置的Guest账户是该组的成员，一般在域中或计算机中没有固定账户的用户临时访问域或计算机时使用。该账户默认情况下不允许对域或计算机中的设置和资源进行更改。出于安全考虑，Guest账户在Windows Server 2012安装好之后是被禁用的，如果需要可以手动启用。应该注意分配给该账户的权限，因为该账户经常是黑客攻击的主要对象。
- IIS_IUSRS：这是Internet信息服务（IIS）使用的内置组。
- Users：是一般用户所在的组，所有创建的本地账户都自动属于此组。Users组权限受到很大的限制，对系统有基本的权利，如运行程序、使用网络，但不能关闭Windows

Server 2012，不能创建共享目录和本地打印机。如果这台计算机加入到域，则域用户自动被加入该组。

5. 内置的特殊组

除了以上所述的内置本地组和内置域组外，还有一些内置的特殊组。特殊组存在于每一台 Windows Server 2012 计算机内，用户无法更改这些组的成员，也就是说，无法在"Active Directory 用户和计算机"或"本地用户与组"内看到、管理这些组。这些组只有在设置权限时才看得到。以下列出两个常用的特殊组。

- Everyone：包括所有访问该计算机的用户。在为Everyone指定权限并启用Guest账户时一定要小心，Windows会将没有有效账户的用户当成Guest账户，该账户自动得到Everyone的权限。
- Creator Owner：文件等资源的创建者就是该资源的Creator Owner。不过，如果创建的是属于Administrators组内的成员，则其Creator Owner为Administrators组。

任务3-1 用户的创建及管理

 任务背景

为满足公司网络部员工对 Windows Server 2012 的初步了解需求，公司希望创建一个普通用户账户 test1 供网络部员工访问该服务器，做简单体验；创建一个网络管理账户 test2 供网络部系统管理组用户访问该服务器，做管理体验。

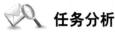 **任务分析**

在 Windows Server 2012 的用户和组管理界面可以非常方便地对用户和组做如下操作。

1. 用户账户操作

用户账户操作包括新建、删除、设置密码、属性的修改等。

2. 组账户操作

组账户操作包括新建、删除、修改组的隶属组等。

在本任务中需要创建两个账户，test1 用于界面体验，test2 用于系统管理体验。新建的账户登录后可以满足界面体验，但要做系统管理就需要将用户加入到管理员组中。

 任务操作

1. 创建本地用户

（1）以【Administrator】身份登录到服务器，在【服务器管理器】主窗口中单击【工具】按钮，再单击【计算机管理】，打开【计算机管理】主窗口，找到【本地用户和组】，单击【用户】，如图 3-1 所示。

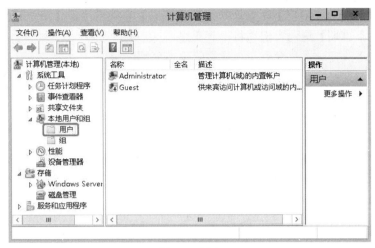

图3-1 用户

（2）右击【用户】，在快捷菜单中选择【新用户】命令，弹出【新用户】对话框，如图 3-2 所示。

（a）

（b）

图3-2 新用户test1和test2

该对话框中的选项如下。

- 用户名：系统本地登录时使用的名称。
- 全名：用户的全称，属于辅助性的描述信息，不影响系统的功能。
- 描述：关于该用户的说明文字，方便管理员识别用户，不影响系统的功能。
- 密码：用户登录时使用的密码。
- 确认密码：为防止密码输入错误，需再输入一遍。
- 用户下次登录时须更改密码：用户首次登录时，使用管理员分配的密码，当用户再次登录时，强制用户更改密码，用户更改后的密码只有自己知道，这样可保证安全使用。当取消选中【用户下次登录时须更改密码】复选框后，【用户不能更改密码】和【密码永不过期】这两个选项将由灰变黑。

- 用户不能更改密码：只允许用户使用管理员分配的密码。
- 密码永不过期：密码默认的有限期为42天，超过42天系统会提示用户更改密码，选中此项表示系统永远不会提示用户修改密码。
- 账户已禁用：选中此项表示任何人都无法使用这个账户登录，适用于企业内某员工离职后，防止他人冒用该账户登录。

填入相关内容，单击【创建】按钮，成功创建之后将返回创建新用户的对话框，以便创建另一个用户。单击【关闭】按钮，关闭该对话框，然后在计算机管理控制台中就能够看到新创建的用户账户信息。

2. 设置本地账号属性

打开【计算机管理】主窗口，找到【本地用户和组】，单击【用户】，在用户账户【test1】上右击，在弹出的快捷菜单中根据实际需要选择相应的命令对账户进行操作，如图3-3所示。

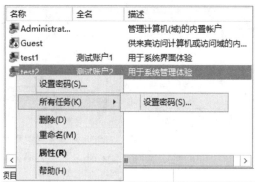

图3-3 单击用户test2弹出右键菜单

- 选择【设置密码】命令可以更改当前用户账户的密码。
- 选择【删除】命令可以删除当前用户账户。
- 选择【重命名】命令可以更改当前用户账户的名称。
- 选择【属性】命令可以禁用或激活用户、把用户加入某个组等。例如停用zhangsan账户，则在【常规】选项卡中选中【账户已禁用】复选框，然后单击【确定】按钮返回计算机管理控制台，可以看到停用的账户以蓝色的向下箭头来标记。

（1）在test2账户的右键菜单中选择【属性】命令进入【test2属性】对话框，在该对话框中选择【隶属于】选项卡，单击【添加】按钮，弹出【选择组】对话框，如图3-4所示。

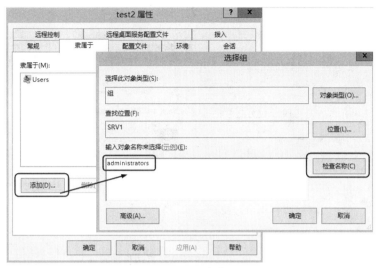

图3-4 配置用户隶属组

（2）在【选择组】对话框中输入"administrators"组完整名称，然后单击【检查名称】按钮完成管理员组的自动添加，单击【确定】按钮后就完成将用户加入管理员组的操作，结果如图3-5所示。

图3-5 test2用户隶属组界面

 任务验证

（1）以【test1】账户登录到服务器，可以查看系统的大部分功能，但无法对系统进行配置。例如使用【test1】账户修改系统时间时，会提示输入管理员密码，说明【test1】没有配置系统时间权限，如图3-6所示。

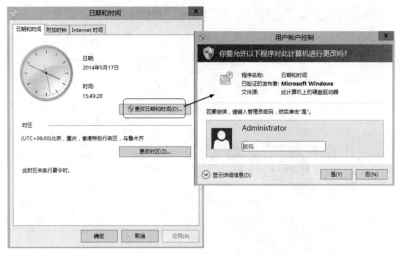

图3-6　用户test1无法修改系统日期界面

（2）以【test2】身份登录服务器，则不存在上述警告界面，说明【test2】账户具有系统时间管理权限。

（3）也可以用【test1】和【test2】这两个用户尝试创建用户实验，结果应为 test1 无法创建而 test2 可以创建。

任务3-2　组的创建及管理

 任务背景

公司网络部员工试用 Windows Server 2012 一段时间后，决定在 Windows Server 2012 系统上部署业务系统做系统测试，等确定该系统能稳定支撑公司业务后再做业务系统迁移，并在这台服务器上创建共享，将系统测试文档统一存放在网络共享中。

公司业务系统的管理涉及网络部的网络管理组和系统管理组的所有员工，公司需要为每一位员工创建账户并授予管理权限。网络部结构如图 3-7 所示。

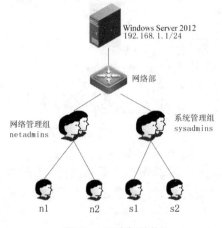

图3-7　网络部结构

任务分析

本任务需要在 Windows Server 2012 系统中为网络部所有员工创建账户，并为这些账户授予管理权限，同时为方便对文件共享的访问授权，需要创建组账户，并将用户加入到对应组中。

用户的权限具有继承性特点，即用户的权限是其本身权限和隶属组权限之和。如果有大量的用户需要授权（文件共享的访问），则管理员需要做大量的用户授权的配置，解除授权的操作也是一样。而如果这些用户都隶属于一个组账户，则只需对这个组账户进行授权或解除授权，不仅简化操作，还能有效管理和控制。

因此，本任务用户和组的操作主要步骤如下。

（1）用户的新建与授权。创建用户，并将用户加入到管理员组。

（2）组的新建与用户隶属配置。针对用户隶属部门创建对应的组账户，然后根据用户隶属部门属性将用户加入到对应的组账户。

说明：文件共享的操作将在项目 4 中描述。

任务操作

1．创建用户

以【Administrator】身份登录 Windows Server 2012 服务器，在【服务器管理器】主窗口中，单击【工具】按钮，再单击【计算机管理】，打开【计算机管理】主窗口，找到【本地用户和组】，右击【用户】，在快捷菜单中选择【新用户】命令，分别创建网络组用户 n1 和 n2，系统管理组用户 s1 和 s2，结果如图 3-8 所示。

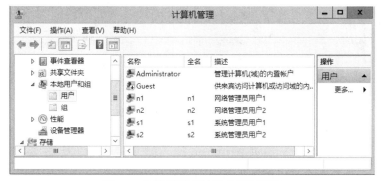

图3-8 计算机管理的用户管理界面

2．创建本地组，并将用户加入到本地组中

（1）以【Administrator】身份登录 Windows Server 2012 服务器，在【服务器管理器】主窗口中，单击【工具】按钮，再单击【计算机管理】，打开【计算机管理】主窗口，找到【本地用户和组】，单击【组】，在右键菜单中单击【新建组】，弹出【新建组】对话框，输入组名【sysadmins】，并将用户【s1】和【s2】加入到 sysadmins 组，如图 3-9 所示。

图3-9　新建组

（2）单击【创建】按钮完成【sysadmins】组及成员的加入操作。以类似操作完成【netadmins】组及成员的创建与加入操作，结果如图3-10所示。

图3-10　组账户管理视图

在组管理界面中，除了可以新建组，还可以对现有组进行编辑修改。单击需要修改的组，在右键菜单中可以进行【添加到组】、【删除】等操作，具体操作说明如下。

- 选择【添加到组】命令可以更改当前组的成员，增加成员或删除成员。
- 选择【删除】命令可以删除当前组账户。
- 选择【重命名】命令可以更改当前组账户的名称。
- 选择【属性】命令可以修改组的【描述】。

 任务验证

用户创建后，注销【Administrator】后，在 Windows Server 2012 登录界面可以看到【s1】、【s2】、【n1】、【n2】账户，单击任意一个账户，输入密码后就可以以管理员身份管理该服务器了，如图 3-11 所示。

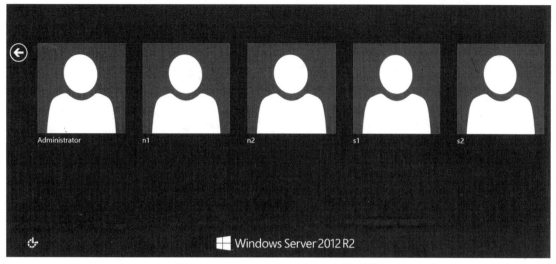

图3-11 Windows Server 2012登录界面

 习题与上机

一、理论习题

1. Windows Server 2012 中默认的管理员账号是 _____。

A．Admin B．Root C．Supervisor D．Administrator

2. Windows Server 2012 中的内置本地组不包括 _____。

A. Administrators B. Guest

C. IIS_IUSRS D. Users

3. 默认情况下（ ）账户是禁用的。

A．Administrator B．Power Users

C．Guest D．Administrators

4. 一个用户可以加入（ ）个组。

A．1 B．2 C．3 D．多

二、项目实训题

1. 在计算机 WINSERVER2012 上建立本地组 computerST 和本地账户 st1、st2、st3，并将这 3 个账户加入到 computerST 组中。

2. 设置账户 st1 下次登录时须修改密码，设置账户 st2 不能更改密码并且密码永不过期，停用账户 st3。

3. 用 Administration 账户登录计算机，在用户和组管理器中做如下操作。

① 创建用户 test，将 test 用户隶属于 PowerUsers 组。

② 注销后用 test 用户登录，通过"whoami"命令记录自己的安全标志符。

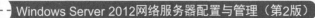

③ 在桌面创建一个文本文件，命名为 test.txt。

④ 注销后重新用 Administrator 用户登录，这时是否可以在桌面上看到刚才创建的文本文件？如果看不到应该在哪里找到它？

⑤ 删除 test 用户，重新创建一个 test 用户，注销后用 test 用户登录，此时是否可以在桌面上看到那个文本文件？这个新的 test 用户的安全标志符是否和原先的一样？

项目 **4**

文件共享服务的部署

项目描述

公司网络部由网络管理组和系统管理组构成，负责公司基础网络和应用服务的日常维护与管理。

维护与管理公司网络的过程需要填写大量的纸质日志记录和文档，为方便这些日志和文档的管理，部门决定采用电子文档方式存放在公司的文件服务器上。公司网络部结构如图4-1所示。

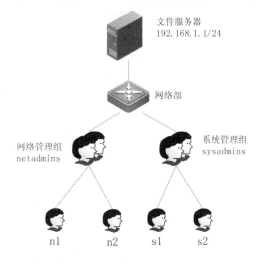

图4-1 公司网络部结构

项目分析

在文件服务器建立共享目录，并配置写入权限，用户可以随时上传文件（文档）到该目录中，这样就可以实现网络管理组和系统管理组员工将日常维护与管理文档集中存放在文件服务器上。

相关知识

1. 文件共享

文件共享是指在计算机上共享的文件供局域网其他计算机使用。在 Windows Server 2012

的文件夹右键菜单中提供了目录的共享设置链接，在配置用户共享时，系统会自动安装文件共享服务角色和功能。在网络中专门用于提供文件共享服务的服务器称为文件服务器。

2．文件共享权限

在文件服务器上部署共享可以提供多种用户访问权限，常见的有读取和写入权限。

- 读取权限：允许用户浏览和下载共享目录及子目录的文件。
- 写入权限：用户除具备读取权限外，还可以新建、删除和修改共享目录及子目录的文件和文件夹。

3．文件共享的访问账户类型

文件服务器针对访问用户账户设置了两种类型：匿名账户和实名账户。

- 匿名账户：在Windows系统中匿名账户一般指Guest账户，但在匿名共享目录中授权时通常用Everyone账户进行授权。
- 实名账户：顾名思义，用户在访问共享目录时需要输入特定的账户名称和密码。默认情况下这些账户都是由文件服务器创建的，并用于共享目录的授权。如果有大量的账户则一般会新建组账户，然后在共享中只需对组账户授权即可（用户账户继承组的权限）。

4．文件共享权限与 NTFS 权限

在文件服务器中可以通过文件共享权限配置用户对共享目录的访问权限，但是如果该共享目录所在磁盘为 NTFS 文件系统磁盘，则该目录的访问权限还会受到 NTFS 权限的限制。此时，用户对共享目录的访问权限为文件共享权限和 NTFS 权限的并集，例如用户 user 对共享目录 share 具有写入权限，但 NTFS 权限限制 user 写入，则用户 user 将不具备该共享目录的写入权限，也就是说只有文件共享权限和 NTFS 权限都允许是，用户才允许，其他情况为拒绝。

在实际应用中，经常在文件共享权限中配置较大的权限，然后通过 NTFS 做针对性的限制权限来实现用户对文件服务器共享目录的访问权限配置。

任务4-1　部署匿名共享

 任务背景

公司网络部需要在文件服务器上创建网络共享存储，并将日常运维工具放置在该共享存储上，以方便员工在维护和管理公司网络及计算机时下载安装。

 任务分析

在 Windows Server 2012 文件服务器上创建文件夹，将该文件夹共享并赋予 Everyone 用户读取 / 写入权限，使得网络部所有用户都能够访问读取并且具备写入权限。

任务操作

（1）在 IP 为 192.168.1.1 的文件服务器的 D 盘下创建名为 share 的文件夹。

（2）对【share】文件夹上右击，选择【共享】→【特定用户】命令，如图 4-2 所示。

图4-2 共享特定用户选项

（3）在下拉列表中将【Everyone】添加到共享用户列表中。

（4）赋予【Everyone】用户组读取 / 写入权限，如图 4-3 所示。

图4-3 共享权限配置

（5）单击【共享】按钮，在弹出的【网络发现和文件共享】中选择【是，启用所有公用网络的网络发现和文件共享】。

（6）单击【share】文件夹，右击选择【属性】命令，可能看到【Everyone】具备完全控制权限，如图4-4所示。

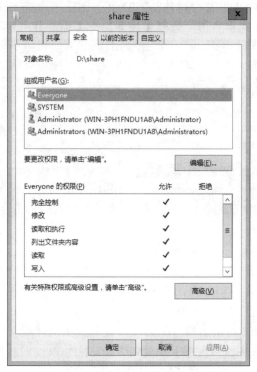

图4-4　查看Everyone的NTFS权限

 任务验证

在网络管理组的 IE 浏览器或资源管理器的地址栏输入 \\192.168.1.1 命令，访问文件服务器上的 share 共享文件夹，并将 test.txt 文件上传到 share 共享目录中，如图 4-5 所示。

图4-5　测试访问共享

任务4-2 部署非匿名共享

 任务背景

公司网络部员工在维护公司内部网络和计算机时，还需要填写维护日志文档，员工希望在该文件服务器上建立个人目录用于存放该文档。

为满足员工存储文档的需求，文件服务器将为部门的每一位员工创建共享，用户可以将文件上传至自己的共享文件夹，并且该共享文件夹只有用户本人具备读取／写入权限，其他用户不能访问。

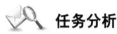 **任务分析**

要实现本任务的文件共享服务，需要通过以下几个步骤（见图4-6）来完成：

（1）在文件服务器上为每一位员工创建用户账户，本任务中将创建 n1、n2、s1 和 s2 账户。

（2）在文件服务器上创建【维护日志文档】目录用于存放员工的个人文档，然后在该目录下为每一位员工创建个人文件夹，文件夹建议以用户名命名。

（3）将这些个人文件夹配置为共享，并配置共享权限：仅允许对应账户读取和写入。

（4）用户访问共享目录，测试是否符合工作需求。

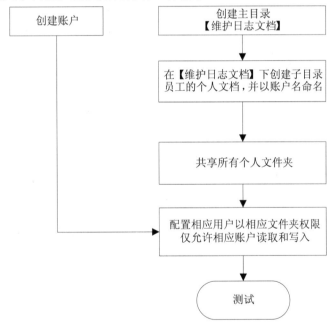

图4-6 部署非匿名共享的流程

 任务操作

1. 创建用户

在文件服务器上创建网络组用户 n1 和 n2，系统管理组用户 s1 和 s2，结果如图 4-7 所示。

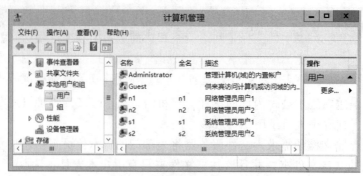

图4-7　计算机管理的用户管理界面

2．创建文件夹

在文件服务器的 D 盘下创建名为【维护日志文档】的目录，并在该目录下创建【n1】、【n2】、【s1】和【s2】4 个子文件夹，结果如图 4-8 所示。

图4-8　【维护日志文档】目录及其子目录界面

3．为每一个文件夹配置共享，权限为仅允许对应账户读取和写入

下面仅以【n1】目录为例。

（1）配置【n1】目录只有 n1 用户能对其有读取 / 写入权限，如图 4-9 所示。

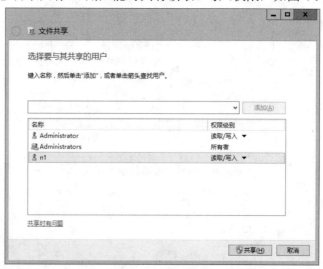

图4-9　配置n1用户具备读取/写入权限

（2）查看 n1 用户的 NTFS 权限，如图 4-10 所示。

图4-10　查看n1用户的NTFS权限

（3）用同样的方法新建 n2、s1、s2 文件夹，并只允许同名用户具备读取 / 写入权限。

 任务验证

在网络管理组用 n2 用户访问文件服务器上的 n1 共享文件夹，系统将提示你没有权限访问 \\192.168.1.1\n1，如图 4-11 所示。而访问 n2 共享文件夹时，可以正常访问，并可以写入和删除数据，如图 4-12 所示。

图4-11　n2用户访问共享文件夹n1

图4-12　n2用户访问共享文件夹n2

任务4-3　部署部门（组）资源共享

 任务背景

　　网络部有网络管理组和系统管理组两个组，每个组在运维时希望通过网络共享存储相关日志文档，各组的日志文档权限为：组内部成员具备读取和写入权限，其他组成员仅具备读取权限。

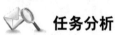 **任务分析**

　　要实现本任务的文件共享服务，需要通过以下几个步骤（见图4-13）来完成。

　　（1）在文件服务器上为每一位员工创建用户组账户，本任务中将创建 netadmins 和 sysadmins 两个组账户。

　　（2）将 n1 和 n2 用户加入到 netadmins 组，将 s1 和 s2 用户加入到 sysadmins 组。

　　（3）在文件服务器上创建【网络部日志文档】目录用于存放网络部的日志文档，然后在该目录下创建【网络管理组】和【系统管理组】子目录用于存放对应小组的日志文档。

　　（4）将【网络部日志文档】文件夹配置为共享，并配置 netadmins 和 sysadmins 两个组具有读取权限。

　　（5）对【网络管理组】和【系统管理组】子目录配置权限，增加对应组账户读取和写入权限。

　　（6）用户访问共享目录，测试是否符合工作需求。

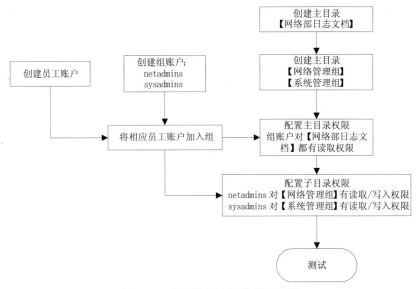

图4-13 部署部门资源共享的流程

 任务操作

1. 创建用户组

分别创建网络管理组和系统管理组的组账户 netadmins 和 sysadmins，并将 n1 和 n2 添加到网络管理组中（见图 4-14（a）），将 s1 和 s2 添加到系统管理组中（见图 4-14（b））。

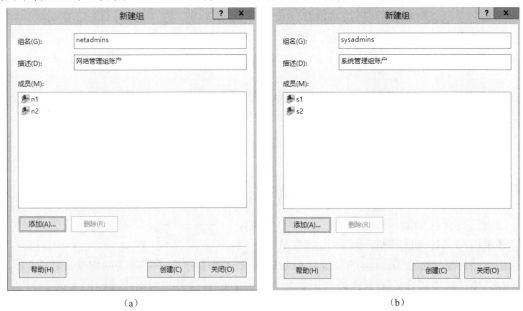

（a）　　　　　　　　　　　　　　（b）

图4-14 创建组账户

2．在文件服务器上创建【网络部日志文档】目录和【网络管理组】、【系统管理组】子目录

在文件服务器的 D 盘创建【网络部日志文档】目录，并在该目录下创建【网络管理组】和【系统管理组】子目录，结果如图 4-15 所示。

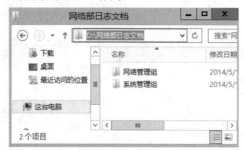

图4-15　文件服务器新建的目录

3．配置共享和权限

（1）将【网络部日志文档】目录配置为共享，并授权给两个组账户读取权限，如图 4-16 所示。

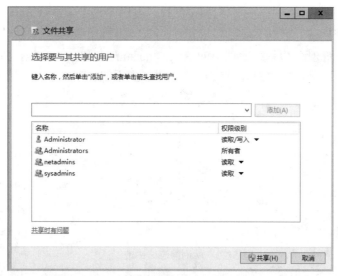

图4-16　【网络部日志文档】的共享权限设置

（2）管理【网络管理组】文件夹的 NTFS 权限，为 netadmins 组增加写入权限，使得网络管理组用户具备读取和写入权限。

在【网络管理组】子目录的右键菜单中选择【属性】命令，打开【网络管理组】目录的属性对话框，切换到【安全】选项卡，单击【编辑】按钮进入【网络管理组的权限】对话框，在该对话框中选择 netadmins 组，并追加修改和写入权限，如图 4-17 所示。

图4-17 设置【网络管理组】目录netadmins组的NTFS权限

注意：

- 在NTFS权限中，子目录默认继承父目录的权限，因此【网络管理组】子目录无须再对netadmins和sysadmins组授权，仅需增加netadmins组的读取和写入权限即可。
- 在本任务中也可以预先给【网络部日志文档】目录配置读取和写入权限，而在图4-17所示的对话框中配置netadmins组拒绝修改和写入权限。

（3）同理，为【系统管理组】目录增加 sysadmins 组的读取和写入权限，结果如图 4-18 所示。

图4-18 配置【系统管理组】目录中sysadmins组的NTFS权限

任务验证

（1）在 PC1 上 IE 浏览器的地址栏输入 \\192.168.1.1 命令，访问文件服务器上的【网络部日志文档】共享文件夹，在弹出的对话框中输入用户 n1 的账户名和密码。

（2）访问【系统管理组】文件夹并尝试删除该目录的文件时，系统会提示拒绝，如图 4-19 所示。这是由于 netadmins 组仅能读取【系统管理组】目录的文件，但拒绝写入和修改文件，而 n1 用户隶属于 netadmins 组。

图4-19　系统管理组用户无法删除文件

（3）访问【系统管理组】文件夹，并能成功上传一个测试文档，如图 4-20 所示。这是由于 netadmins 组对该目录具有读取和写入权限，显然 n1 用户继承了组的权限。

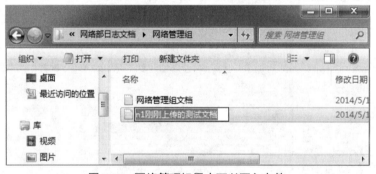

图4-20　网络管理组用户可以写入文件

习题与上机

一、理论习题

1. 在采取 NTFS 文件系统的 Windows Server 2012 中，对某一文件夹先后进行如下设置：先设置为读取，后又设置为写入，再设置为完全控制，则最后该文件夹的权限类型是（　　）。

    A．读取　　　　　　B．写入　　　　　　　　C．读取、写入　　　　D．完全控制

2. 下列说法中正确的是（　　　）。

A. 文件或文件夹在同一个 NTFS 卷移动，则该文件或文件夹保持它自己原有的权限

B. 文件或文件夹在同一个 NTFS 卷移动，则该文件或文件夹继承目标文件夹的权限

C. 文件或文件夹被移动到其他 NTFS 卷，该文件或文件夹将会丢失其原有权限，并继承目标文件夹的权限

D. 文件或文件夹移动到非 NTFS 分区，所有权限丢失

3. 你通过 NTFS 的加密功能加密了一个文件，共享给同事访问，但同事反馈说无法访问，你应该怎么做才能让同事访问到这个文件？（　　　）

A. 将文件的所有者改为同事　　　　　　B. 授予完全权限给同事

C. 将加密的密码告诉同事　　　　　　　D. 只能解密后再与同事共享

二、项目实训题

1. 在 NTFS 分区创建一个目录 temp1，As 用户组拥有该目录的只读权限，Bs 用户组拥有该目录的写入权限。此时如果用户 test 隶属于 As 和 Bs 两个组，则 test 用户对该目录有何种权限？

2. 在 NTFS 分区创建一个目录 temp2，As 用户组拥有该目录的写入权限，Bs 用户组拥有该目录的拒绝写入权限。此时如果用户 test 隶属于 As 和 Bs 两个组，则 test 用户对该目录有何种权限？

3. 在 NTFS 分区创建一个目录 temp3，该目录下有一个文件为 a.doc，userA 用户对该目录设置了加密操作。此时：

（1）userB 用户对该文件有读取权限吗？

（2）如果此时系统删除了 userA 用户，然后又重新创建了 userA 用户，那么 userA 用户能读取该文档吗？

（3）为了让 userC 用户也能读取该文件，应该怎么操作？

（4）如果 userA 用户被删除了，如何让 userB 用户读取到该文件？

4. 请分析以下这种现象：系统创建了用户 user6，并用 user6 登录系统。此时，E 盘（NTFS）不允许该用户写入文件，但是允许创建文件夹，并允许在新建的文件夹上写入文件。请说明：

（1）是什么原因导致 user6 用户允许创建文件夹，并允许在文件夹写入文件？

（2）怎样做到拒绝此类操作发生？

5. 在 NTFS 驱动器上创建一个目录 temp4，并将该目录设置为匿名共享。

6. 在 NTFS 驱动器上创建一个目录 temp5，将该目录设置为隐式共享，并且只允许 users 组用户访问。

路由和远程访问服务的配置

 项目描述

　　某公司拥有业务部、行政部和生产部，每个部门都建好了局域网。为满足公司业务发展需求，公司希望能将各局域网互连及接入互联网，实现公司内部的相互通信、资源共享和 Internet 接入。公司网络拓扑如图 5-1 所示。

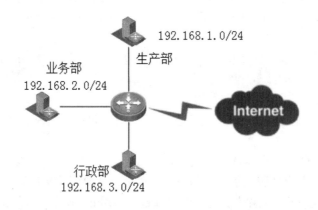

图5-1　公司网络拓扑

 项目分析

　　在网络中，路由器用于实现局域网的互连，通过在各局域网部署路由器可以轻松实现不同局域网的互连。通过路由器互连起来的各部门网络实现了部门间的相互通信和资源共享。

　　本项目中公司内的各部门建立了自身的局域网，可以使用 Windows Server 2012 的路由和远程访问服务作为公司的路由器来互连各部门局域网，实现各部门的相互通信和资源共享。

相关知识

1. 路由和路由器的概念

（1）路由

简言之，从源主机到目标主机的数据包转发过程就称为路由。在图5-2所示的网络环境中，主机1和主机2进行通信时就要经过中间的路由器，当这两台主机中间有多台路由器时，就会面临一个选择：是沿着 R1 → R2 → R4 的路径，还是沿着 R1 → R3 → R4 的路径进行转发。

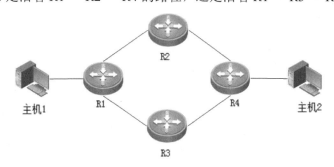

图5-2　主机1到主机2的路由选择

在实际应用中，Internet 上路由器的数目会更多，两台主机之间数据包转发存在的路径也就更多，为了尽可能地提高网络访问速度，就需要一种方法来判断从源主机到达目标主机所经过的最佳路径，从而进行数据转发，这就是路由技术。

（2）路由器

路由器是用来进行数据包转发的设备，是网络的中转站，用来连接不同的逻辑子网。路由器可以分为硬件路由器和软件路由器。

① 硬件路由器：专门设计用于路由的设备，例如思科、锐捷等公司生产的系列路由器产品。硬件路由器实质上也是一台计算机，不同于普通计算机的是，它运行的操作系统主要用来进行路由维护，不能运行程序。硬件路由器的优点是路由效率高，缺点是价格较昂贵，配置也较为复杂。

② 软件路由器：通过对一台计算机进行配置让其拥有路由器的功能，这台计算机就称为软件路由器。由于路由器必须有多个接口连接不同的 IP 子网，所以充当软件路由器的计算机一般安装有多个网卡。软件路由器的优点是价格相对较低，且配置简单，缺点是路由效率低，一般只在较小型网络中使用。

（3）路由表

在每台计算机中都维护着去往一些网络的传输路径，这就是路由表。在现实生活中，人们如果想去某一个地方，会制订一个行程计划，其中包含到达目的地的多条路。路由器中的路由表就相当于行程计划。正是由于路由表的存在，路由器才可以依据路由表进行数据包的转发，如图 5-3 所示。

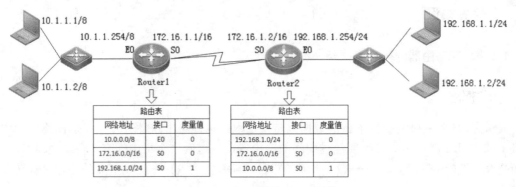

图5-3　路由器中的路由表

在路由表中有该路由器掌握的所有目的网络地址，以及通过路由器到达这些网络的最佳路径。最佳路径指的是路由器的某个接口或与其相邻的下一跳路由器的接口地址。当路由器收到一个数据包时，它会将数据包目标 IP 地址的网络地址和路由表中的路由条目进行对比，如果有去往目标网络的路由条目，就根据该路由条目将数据包转发到相应的接口；如果没有相应的路由条目，则根据路由器的配置将数据包转发到默认接口或者丢弃。

每一台计算机上都维护着一张路由表，根据路由表的内容控制与其他主机之间的通信。在 DOS 窗口中输入 route print 命令可以查看该路由表，如图 5-4 所示。

```
C:\>route print
......（省略部分显示信息）
IPv4 路由表
===========================================================================
活动路由：
    网络目标            网络掩码            网关              接口           跃点数
      0.0.0.0            0.0.0.0       192.168.1.1     192.168.1.100        30
    127.0.0.0          255.0.0.0        在链路上         127.0.0.1          306
    127.0.0.1    255.255.255.255        在链路上         127.0.0.1          306
  192.168.1.0    255.255.255.0          在链路上       192.168.1.100        286
  192.168.1.1    255.255.255.255        在链路上       192.168.1.100        286
192.168.1.255    255.255.255.255        在链路上       192.168.1.100        286
    224.0.0.0          240.0.0.0        在链路上         127.0.0.1          306
    224.0.0.0          240.0.0.0        在链路上       192.168.1.100        286
255.255.255.255  255.255.255.255        在链路上         127.0.0.1          306
255.255.255.255  255.255.255.255        在链路上       192.168.1.100        286
===========================================================================
永久路由：
    网络地址            网络掩码          网关地址           跃点数
    0.0.0.0            0.0.0.0         10.1.1.254          默认
......（省略部分显示信息）
```

图5-4　利用route print命令查看路由表

（4）路径选择过程

一般地，路由器会根据如图 5-5 所示的步骤进行路径选择。

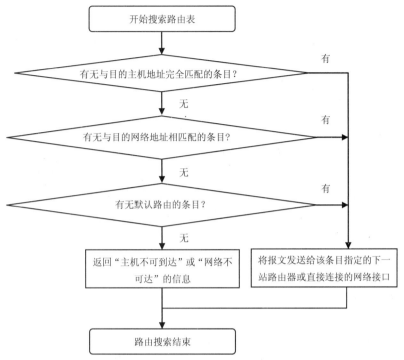

图5-5 路由算法的路径选择过程

2. 路由的类型

路由通常可以分为静态路由、默认路由和动态路由。

（1）静态路由

静态路由是由管理员手工进行配置的，在静态路由中必须明确指出从源到目标所经过的路径。一般在网络规模不大、拓扑结构相对稳定的网络中配置静态路由，其优缺点如下。

- 静态路由的优点：由于管理员手工配置，因此可以减少路由器的开销。
- 静态路由的缺点：当网络发生变化时，静态路由不能反映网络结构的变化，而且网络规模很大时，配置静态路由会增加管理员的工作负担。

使用具有管理员权限的用户账户登录 Windows Server 2012 计算机，打开命令提示窗口，利用 route add 命令可以添加静态路由，如图 5-6 所示。

```
C:\>route add 192.168.2.0 mask 255.255.255.0 192.168.1.1 metric 3
C:\>route print
…（省略部分显示信息）
192.168.2.0    255.255.255.0        在链路上      192.168.1.1      33
…（省略部分显示信息）
```

图5-6 利用route add 命令添加静态路由

利用 route delete 命令可以手工删除一条路由条目，如图 5-7 所示。

```
C:\> route delete 192.168.2.0
```

图5-7 利用route delete 命令删除静态路由

（2）默认路由

默认路由是一种特殊的静态路由，也是由管理员手工配置的，为那些在路由表中没有找到明确匹配的路由信息的数据包指定下一跳地址。

在 Windows Server 2012 的计算机上配置默认网关时就为该计算机指定了默认路由，利用 route add 命令也可以添加默认路由，如图 5-8 所示。

```
C:\> route add 0.0.0.0 mask 0.0.0.0 192.168.1.254  metric 3
C:\>route print
......（省略部分显示信息）
   0.0.0.0            0.0.0.0          192.168.1.254    192.168.1.1     33
......（省略部分显示信息）
```

图5-8　利用route add 命令添加默认路由

（3）动态路由

当网络规模很大，且网络结构经常发生变化时，就需要使用动态路由。通过在路由器上配置路由协议可以自动搜集网络信息，并且反映网络结构的变化，动态地维护路由表中的内容。其优缺点如下。

- 动态路由的优点：由于动态路由是靠路由协议自动维护的，因此减轻了管理员的工作负担，而且可以自动反映网络结构的变化。
- 动态路由的缺点：增大了路由器处理路由的成本，对路由器的硬件要求比较高。

3．路由协议

路由协议（Routing Protocol）运行在路由器上，它通过提供一种共享路由选择信息的机制，允许路由器与其他路由器通信以更新和维护自己的路由表，并确定最佳的路径。通过路由协议，路由器可以了解未直接连接的网络的状态，当网络发生变化时，路由表中的信息可以随时更新，以保证网络上的路径处于可用状态。

（1）内部网关协议和外部网关协议

根据工作范围，路由协议可以分为内部网关协议（IGP）和外部网关协议（EGP）。

- 内部网关协议：在一个自治系统内进行路由信息交换的路由协议，如RIP、IGRP、EIGRP、OSPF、ISIS等。
- 外部网关协议：在不同自治系统间进行路由信息交换的路由协议，如BGP。

（2）距离矢量路由协议和链路状态路由协议

根据工作原理，路由协议可以分为距离矢量路由协议和链路状态路由协议。

- 距离矢量路由协议：通过判断数据包从源主机到目的主机所经过的路由器的个数来决定选择哪条路由，如RIP、IGRP等。
- 链路状态路由协议：不是根据路由器的数目选择路径，而是综合考虑从源主机到目的主机间的各种情况（如带宽、延迟、可靠性、承载能力和最大传输单元等），最终选择一条最优路径，如OSPF、ISIS等。

（3）RIP 协议

RIP 协议最初是为 Xerox 网络系统的 Xerox PARC 通用协议而设计的，是 Internet 中常用的路由协议。RIP 通过计数从源主机到目标主机经过的最少跳数（Hop）来选择最佳路径，它支持的最大跳数为 15 跳，即从源主机到目标主机的数据包最多可以被 15 个路由器转发，如果超过 15 跳，RIP 协议就认为目的地不可达。由于单纯地以跳数作为路由的依据，不能充分描述路径特性，可能会导致所选的路径不是最优，因此 RIP 协议只适用于中小型的网络中。

运行 RIP 协议的路由器默认情况下每隔 30 秒会自动向它的邻居发送自己的全部路由表信息，因此会浪费较多的带宽资源。同时，由于路由信息是一跳一跳地进行传递，因此 RIP 协议的收敛速度会比较慢。当网络拓扑结构发生变化时，RIP 协议通过触发更新的方式进行路由更新，而不必等待下一个发送周期。例如，当路由器检测到某条链路失败时，它将立即更新自己的路由表并发送新的路由，每个接收到该触发更新的路由器都会立即修改其路由表，并继续转发该触发更新。

（4）OSPF 协议

OSPF 是一种基于链路状态的路由协议，需要每个路由器向其同一管理域的所有其他路由器发送链路状态广播信息。在 OSPF 的链路状态广播中包括所有接口信息、所有的量度和其他一些变量。利用 OSPF 的路由器首先必须收集有关的链路状态信息，并根据一定的算法计算出到每个节点的最短路径。而基于距离向量的路由协议仅向其邻接路由器发送有关路由更新信息。

与 RIP 不同，OSPF 将一个自治域再划分为区，相应地即有两种类型的路由选择方式：当源和目的地在同一区时，采用区内路由选择；当源和目的地在不同区时，则采用区间路由选择。这就大大减少了网络开销，并增加了网络的稳定性。当一个区内的路由器出现故障时，并不影响自治域内其他区路由器的正常工作，这也给网络的管理和维护带来方便。

任务5-1 实现两个局域网的互连

 任务背景

公司内的技术部和业务部各自组建了局域网，您是该公司的网络管理员，公司希望通过一台装有 Windows Server 2012 的双网卡计算机实现这两个局域网的互连。公司网络拓扑图如图 5-9 所示。

图5-9 公司网络拓扑

任务分析

通过在双网卡计算机上安装 Windows Server 2012，同时部署和启用路由与远程访问服务，可将该计算机配置为路由器，并实现两个局域网的互连（直连网络）。

任务操作

1．PC1 和 PC2 的配置

（1）使用具有管理员权限的用户账户登录 PC1 和 PC2，将 IP 地址、子网掩码和网关配置到本地连接中，如图 5-10 和图 5-11 所示。

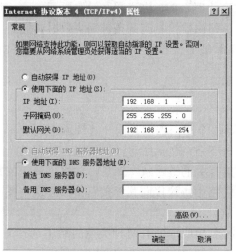

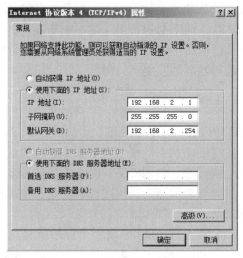

图5-10　PC1的TCP/IP配置　　　　　图5-11　PC2的TCP/IP配置

（2）在 PC1 中打开命令提示符窗口，利用 Ping 192.168.1.254 命令检查到其默认网关的连接，发现连接成功且 TTL 值为 128；利用 Ping 192.168.2.1 命令检查与另一子网的 PC2 的连接，发现返回信息 Request timed out，表明连接失败，如图 5-12 所示。

```
C:\>Ping 192.168.1.254
…（省略部分显示信息）
Reply from 192.168.1.254: bytes=32 time<10ms TTL=128
…（省略部分显示信息）
C:\>ping 192.168.2.1
…（省略部分显示信息）
Request timed out.
…（省略部分显示信息）
```

图5-12　PC1的Ping命令测试结果

（3）同理可以在 PC2 中做类似的测试，可以发现局域网内部和网关的通信良好，但是无法和另一个局域网的计算机通信。

2．路由和远程访问服务的安装

（1）在【服务器管理器】主窗口的【添加角色和功能】下，单击【添加角色】按钮。

（2）在【添加角色向导】中，单击【下一步】按钮。

（3）在服务器角色列表中，选择【网络策略和访问服务】和【远程访问】两个服务，并选取默认的配套服务和功能，单击【下一步】按钮，如图5-13所示。

（4）在【远程访问】的【角色服务】选项卡中，选中【路由】复选框，以便支持RIP协议，如图5-14所示。

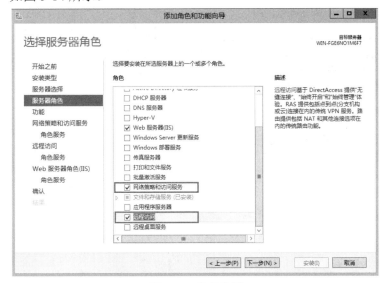

图5-13 角色选择　　　　图5-14 远程访问的路由选项卡

（5）继续执行【添加角色向导】中的步骤，完成【路由和远程访问】服务的安装。

3.路由和远程访问服务的配置

（1）在【服务器管理器】中打开【路由和远程访问】控制台，选择【ROUTER】服务器，在右键菜单中选择【配置并启用路由和远程访问】，如图5-15所示。

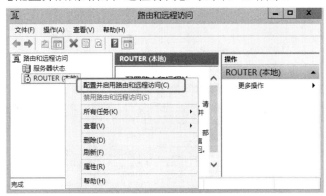

图5-15 路由和远程访问控制台

（2）在弹出的安装向导窗口中，选择【自定义配置】，然后单击【下一步】按钮，如图5-16所示。

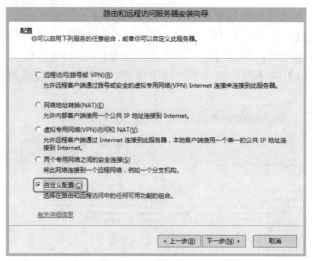

图5-16　自定义配置

（3）在自定义配置窗口中，选择【LAN 路由】，然后单击【下一步】按钮，如图 5-17 所示。

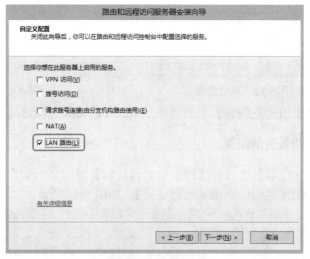

图5-17　LAN路由

（4）按照默认步骤完成路由和远程访问服务的启动，如图 5-18 所示。

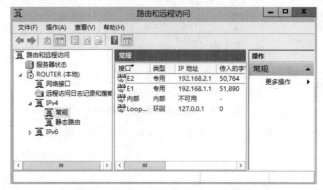

图5-18　路由和远程访问启动后的界面

任务验证

（1）在 PC1 上利用 Ping 命令再次检查与 PC2 的连接，发现可以正常通信，如图 5-19 所示。

```
C:\>Ping 192.168.2.1
…（省略部分显示信息）
Reply from 192.168.2.1: bytes=32 time<10ms TTL=127
…（省略部分显示信息）
```

图5-19　将route1配置为路由器之后测试不同子网的连通性

（2）同理，可以在 PC2 上利用 Ping 命令检查与 PC1 的连接，TTL 值应为 127，完成两个子网的互连。

任务5-2　配置并测试静态路由

任务背景

某园区拥有 3 栋楼，A、B 栋已各自组成局域网，并通过路由器连接到园区中心。您是该园区的网络管理员，园区希望通过 A、B 栋的两台 Windows Server 2012 服务器实现整个园区网络的互连。园区网络拓扑如图 5-20 所示。

图5-20　园区网络拓扑

任务分析

类似任务 5-1，通过配置 RouterA 和 RouterB 两台 Windows Server 2012 服务器的路由和远程访问服务，可以实现 A 栋和园区中心、园区中心和 B 栋的两两互连（直连网络）。如果再在 RouterA 和 RouterB 上配置静态路由，则可以实现 3 个区域的互连互通。

任务操作

1．PC1 和 PC2 的配置

（1）使用具有管理员权限的用户账户登录 PC1 和 PC2，将 IP 地址、子网掩码和网关配置到本地连接。

（2）在 PC1 中打开命令提示符窗口，利用 Ping 192.168.1.254 命令检查到其默认网关的连接，发现连接成功且 TTL 值为 128；Ping 其他网段主机则无法到达。

（3）同理可以在 PC2 中做类似的测试，可以发现局域网内部和网关的通信良好，但是无法和另一个局域网的计算机通信。

备注：做 Ping 测试时建议先关闭计算机的 Windows 防火墙。

2. 静态路由的配置

（1）参考任务 5-1 分别将 RouterA 和 RouterB 配置为路由器。

（2）在 PC2 上利用 Ping 命令检查与 PC1 的连接，发现连接失败。为了实现这 3 个子网的连接，需要在 RouterA 和 RouterB 上配置静态路由。从拓扑图中看到，RouterA 连接子网 192.168.1.0/24 和 192.168.2.0/24，因此只要在 RouterA 中添加到子网 192.168.3.0/24 的路由信息即可。同理，在 RouterB 中应该添加到子网 192.168.1.0/24 的路由信息。

（3）在 RouteA 管理工具中打开【路由和远程访问】管理控制台，单击左侧的【IPv4】，选择【静态路由】，在右键菜单中选择【新建静态路由】命令，如图 5-21 所示。

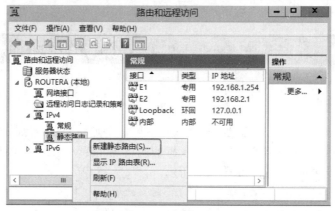

图5-21　在RouterA上新建静态路由

（4）在打开的【IPv4 静态路由】对话框中设置静态路由：在【接口】文本框中指定 IP 地址 192.168.2.1 工作的接口（E2），在【目标】文本框中输入目标的网络地址，在【网络掩码】文本框中输入子网掩码，在【网关】文本框中指定当与目标网络发起连接时转发到的下一跳路由器的接口 IP 地址，如图 5-22 所示。

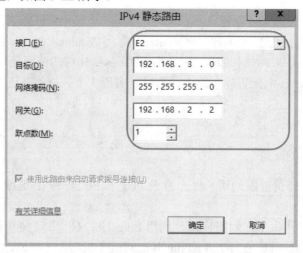

图5-22　在RouterA上设置静态路由

（5）由于通信是双向的，数据包发过去还要传回来，因此在 RouterB 上也要创建静态路由。采用同样的方法在 RouterB 上添加静态路由，如图 5-23 所示。

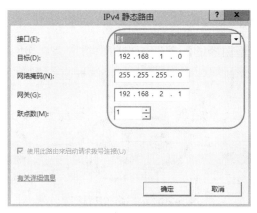

图5-23　在RouterB上设置静态路由

（6）在 RouterA 上单击【确定】按钮返回【路由和远程访问】管理控制台。右击【静态路由】，然后选择【显示 IP 路由表】命令，在打开的 IP 路由表窗口中可以看到新创建的静态路由，如图 5-24 所示。

目标	网络掩码	网关	接口	跃点数	协议
224.0.0.0	240.0.0.0	0.0.0.0	E1	266	本地
127.0.0.0	255.0.0.0	127.0.0.1	Loopback	51	本地
192.168.1.0	255.255.255.0	0.0.0.0	E1	266	本地
192.168.2.0	255.255.255.0	0.0.0.0	E2	266	本地
192.168.3.0	255.255.255.0	192.168.2.2	E2	11	静态 (非请求拨号)
127.0.0.1	255.255.255...	127.0.0.1	Loopback	306	本地
192.168.1.254	255.255.255...	0.0.0.0	E1	266	本地
192.168.1.255	255.255.255...	0.0.0.0	E1	266	本地

ROUTERA - IP 路由表

图5-24　在RouterA上查看IP路由表

 任务验证

（1）在 PC1 上再次用 Ping 命令测试与 PC2 的连接，发现连接成功，且 TTL 值为 126，说明 RouterA 和 RouterB 上配置的静态路由生效，如图 5-25 所示。

```
C:\>Ping 192.168.3.1
…（省略部分显示信息）
Reply from 192.168.3.1: bytes=32 time<10ms TTL=126
…（省略部分显示信息）
```

图5-25　检测静态路由的连通性

（2）同理，可以在 PC2 上利用 Ping 命令检查与 PC1 的连接，TTL 值应为 126，从而实现园区网络的互连互通。

任务5-3　配置并测试默认路由

 任务背景

本任务将在上一个任务的基础上实施，通过在两台 Windows Server 2012 服务器上配置默认路由实现整个园区网络的互连。

任务分析

默认路由常用于边界路由器的配置，如果路由器所有直连网络与外部通信都是通过唯一一个接口出去，则可将该接口配置为默认路由接口，而无须配置静态路由，图 5-26 中的 R1 和 R2 就是边界路由器。

图5-26　边界路由R1和R2

本任务中的 RouterA 和 RouterB 显然也符合边界路由条件，因此类似任务 5-2，通过在 RouterA 和 RouterB 上配置默认路由，就可以实现 3 个区域的互连互通。

 任务操作

（1）使用具有管理员权限的用户登录 RouterA，打开【路由和远程访问】管理控制台，右击任务 5-2 中添加的静态路由，在弹出的菜单中选择【删除】命令，如图 5-27 所示，将静态路由删除。

图5-27　手工删除静态路由

（2）按照同样的方法在 RouterB 上删除任务 5-2 中添加的静态路由。

（3）在 PC1 上用 Ping 命令测试与 PC2 的连接，发现连接失败。

（4）参考任务 5-2，分别在 RouterA 和 RouterB 上添加默认路由，如图 5-28 和图 5-29 所示。

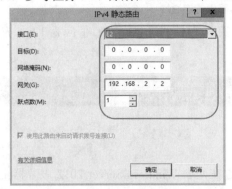 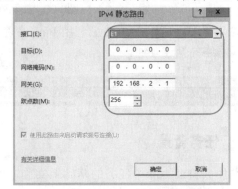

图5-28　在RouterA上添加默认路由　　　图5-29　在RouterB上添加默认路由

（5）在 RouterA 上单击【确定】按钮返回【路由和远程访问】管理控制台。右击【静态路由】，然后选择【显示 IP 路由表】命令，在打开的 IP 路由表窗口中可以看到新创建的默认路由，如图 5-30 所示。

目标	网络掩码	网关	接口	跃点数	协议
0.0.0.0	0.0.0.0	192.168.2.2	E2	11	静态 (非请求拨号)
224.0.0.0	240.0.0.0	0.0.0.0	E1	266	本地
127.0.0.0	255.0.0.0	127.0.0.1	Loo...	51	本地
192.168.2.0	255.255.255.0	0.0.0.0	E2	266	本地
192.168.1.0	255.255.255.0	0.0.0.0	E1	266	本地

ROUTERA - IP 路由表

图5-30 在RouterA上查看IP路由表

 任务验证

（1）在 PC1 上再次用 Ping 命令测试与 PC2 的连接，发现连接成功，且 TTL 值为 126，说明 RouterA 和 RouterB 上配置的默认路由生效，如图 5-31 所示。

```
C:\>ping 192.168.3.1
…（省略部分显示信息）
Reply from 192.168.3.1: bytes=32 time<10ms TTL=126
…（省略部分显示信息）
```

图5-31 检测默认路由的连通性

（2）同理，可以在 PC2 上利用 Ping 命令检查与 PC1 的连接，TTL 值应为 126，从而实现园区网络的互连互通。

 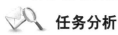
任务5-4 配置并测试动态路由

 任务背景

本任务将在上一个任务的基础上实施，通过在两台 Windows Server 2012 服务器上配置 RIP 动态路由实现整个园区网络的互连。

任务分析

在小型网络中使用静态路由即可满足实际需求，但是如果网络中的子网较多而且网络地址经常变化时，就需要配置动态路由。Windows Server 2012 路由器支持 RIP 路由协议，本任务将在任务 5-3 的网络拓扑中配置 RIP，介绍配置动态路由的过程。

任务操作

（1）使用具有管理员权限的用户登录 RouterA 和 RouterB，打开【路由和远程访问】管理控制台，将添加的默认路由删除。

（2）在 RouterA 的【路由和远程访问】中选择【IPv4】，在【常规】的右键菜单中选择【新增路由协议】命令，如图 5-32 所示。

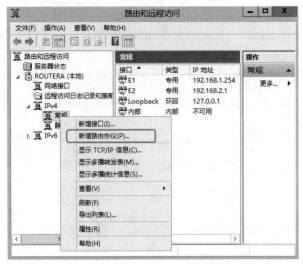

图5-32　新增路由协议

（3）在弹出的新路由协议窗口中选择【用户 Internet 协议的 RIP 版本 2】，单击【确定】按钮返回【路由和远程访问】控制台，可以看到新增加的【RIP 协议】。

（4）右击【RIP】，选择【新增接口】命令（见图 5-33），将打开【用于 Internet 协议的 RIP 版本 2 的新接口】对话框，在此对话框中指定 RIP 协议工作在 RouterA 的接口（见图 5-34）。

图5-33　为RIP指定接口（1）　　　　　图5-34　为RIP指定接口（2）

在选择 RIP 协议的工作接口时一定要注意，对于 RouterA 来说一定要选择同 RouterB 相连接的网络接口，RouterB 也是一样，因为路由器要通过这两个接口来交换路由信息。

（5）单击【确定】按钮，将打开 RIP 接口属性对话框，首先出现的是【常规】选项卡，如图 5-35 所示。

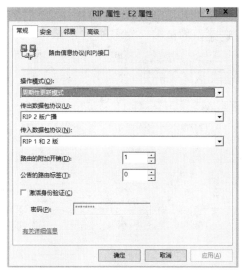

图5-35 【常规】选项卡

在此对话框中可以设置下列选项。

① 操作模式。指定运行 RIP 协议的路由器进行路由信息交换的方式。由于 RIP 路由器将路由表中所有的条目复制给其他路由器，所以可以根据路由表的大小和网络的性能决定路由表复制的模式。

- 周期性更新模式：RIP路由器周期性地发送路由信息，发送周期可以在【高级】选项卡（见图5-38）中设置。LAN接口默认采用周期性更新模式。
- 自动-静态更新模式：使该RIP路由器只在其他路由器请求时才发送路由信息。通过RIP获得的路由被标记为静态路由保存在路由表中，使用请求拨号接口的RIP默认采用自动-静态更新模式。由于只在需要时才发送路由信息，所以该模式将降低对网络带宽的使用。

② 传出数据包协议。

- RIP 1版广播：将RIPv1的信息以广播的形式发送出去。如果网络中只有RIPv1的路由器，应该选择该选项。
- RIP 2版多播：将RIPv2的信息以多播的形式发送出去，请求拨号接口默认采用的协议。只有该接口连接到RIPv2的路由器时，才选择该选项。
- RIP 2版广播：将RIPv2的信息以广播的形式发送出去，LAN接口默认采用的协议。如果网络中既有RIPv1又有RIPv2，应该选择该选项。
- 静态RIP：只监听和接受其他RIP路由器的路由信息，自己并不向外发送。

③ 传入数据包协议。

- RIP 1和2版：接受RIPv1和RIPv2的路由信息，默认采用该模式。
- 忽略传入数据包：不接受其他RIP路由器发送的路由信息。
- 只是RIP 1版：只接受RIPv1的路由信息。
- 只是RIP 2版：只接受RIPv2的路由信息。

④ 激活身份验证。激活身份验证后将在发送 RIP 声明时包含所设置的密码，所有与此接口相连的路由器也要使用相同的密码，否则将无法进行正常的路由交换。

（6）单击【安全】标签，将打开 RIP 接口属性对话框的【安全】选项卡，在此选项卡中可以设置该路由器接受和发送路由的范围，如图 5-36 所示。

图5-36　【安全】选项卡

（7）单击【邻居】标签，将打开 RIP 接口属性对话框的【邻居】选项卡，在此选项卡中可以设置该路由器与邻接路由器进行路由信息交换的方式，如图 5-37 所示。

（8）单击【高级】标签，将打开 RIP 接口属性对话框的【高级】选项卡，在此选项卡中可以设置 RIP 广播的周期间隔、启用水平分割及禁用子网总计等选项，如图 5-38 所示。

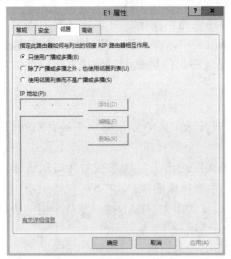

图5-37　【邻居】选项卡

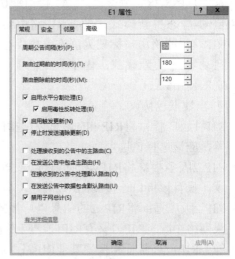

图5-38　【高级】选项卡

（9）单击【确定】按钮返回控制台，按照同样的方法在 RouterB 上启用 RIP 路由协议。

（10）间隔一段时间后，在 RouterA 上的【路由和远程访问】管理控制台中右击【IPv4】的【静态路由】，选择【显示 IP 路由表】命令，可以看到通过 RIP 创建的路由信息，如图 5-39 所示。同理可以在 RouterB 上看到如图 5-40 所示的路由信息。

ROUTERA - IP 路由表					
目标	网络掩码	网关	接口	跃点数	协议
127.0.0.0	255.0.0.0	127.0.0.1	Loopback	51	本地
192.168.3.0	255.255.255.0	192.168.2.2	E2	13	翻录
192.168.2.0	255.255.255.0	0.0.0.0	E2	266	本地
192.168.1.0	255.255.255.0	0.0.0.0	E1	266	本地

图5-39　在RouterA上查看IP路由表

ROUTERB - IP 路由表					
目标	网络掩码	网关	接口	跃点数	协议
127.0.0.0	255.0.0.0	127.0.0.1	Loo...	51	本地
192.168.1.0	255.255.255.0	192.168.2.1	E1	13	翻录
192.168.2.0	255.255.255.0	0.0.0.0	E1	266	本地
192.168.3.0	255.255.255.0	0.0.0.0	E2	266	本地

图5-40　在RouterB上查看IP路由表

任务验证

（1）在 PC1 上再次用 Ping 命令测试与 PC2 的连接，发现连接成功，且 TTL 值为 126，说明 RouterA 和 RouterB 上配置的动态路由生效，如图 5-41 所示。

```
C:\>Ping 192.168.3.1
…（省略部分显示信息）
Reply from 192.168.3.1: bytes=32 time<10ms TTL=126
…（省略部分显示信息）
```

图5-41　检测动态路由的连通性

（2）同理，可以在 PC2 上利用 Ping 命令检查与 PC1 的连接，TTL 值应为 126，从而实现园区网络的互连互通。

习题与上机

一、理论习题

1.“路由和远程访问”是用于路由和联网的一个 ＿＿＿＿＿＿＿＿ 和开放平台。

2.路由器是管理数据在 ＿＿＿＿＿＿＿＿ 之间的流动的设备。

3.路由器在进行路由选择时，路由的类型主要有 ＿＿＿＿＿＿＿＿＿＿＿＿＿。

4.＿＿＿＿＿＿ 和 ＿＿＿＿＿＿ 是相互配合又相互独立的概念，前者使用后者维护的路由表，同时后者要利用前者提供的功能来发布路由协议数据分组。

5.路由接口的类型有 ＿＿＿＿＿＿＿＿ 和 ＿＿＿＿＿＿＿＿ 两种。

二、项目实训题

A 公司拥有财务部、市场部、IT 技术部 3 个部门，3 个部门的计算机组成 3 个 VLAN，通过两台软件路由器互连。你是该公司的网络管理员，请根据拓扑图规划和配置网络环境，并分别通过静态路由和动态路由的方式实现公司网络的连通。

项目要求：写出项目现象和项目结果，并对项目中出现的问题做出分析，提出解决方案。

验证命令：Ping、route、tracert，并举例说明以上命令的作用。

DNS服务的部署与配置

 项目描述

某公司总部位于北京，子公司位于广州，并在香港建有公司海外办事处，总公司和分公司建有公司的相关应用服务器，规模都较大，海外办事处则基本由大量的客户机组成。

现阶段公司主要通过 IP 地址实现相互访问，公司员工抱怨 IP 地址众多并难以记忆，为提高工作效率，公司希望通过建立域名解析系统，实现基于域名的相互访问，提高工作效率。

公司网络拓扑如图 6-1 所示。

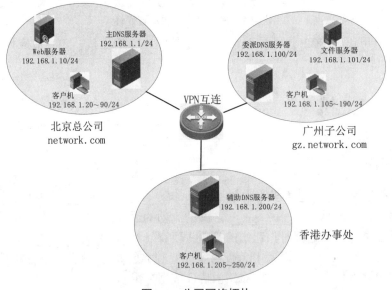

图6-1　公司网络拓扑

 项目分析

DNS 服务器可实现域名和 IP 地址的映射，通过部署 DNS 服务器可以实现企业员工计算机通过域名访问各应用服务器。

在本项目中，总公司可建立主要 DNS 服务器，并在其上注册总公司相关服务器域名。因分公司服务器同样众多，总公司可以委派子公司自行管理子公司域名。香港办事处则可创建辅助 DNS 服务器，实现内部域名的快速解析。

相关知识

在 TCP/IP 网络中，计算机之间进行通信需要依靠 IP 地址。然而，由于 IP 地址是一些数字的组合，对于普通用户来说，记忆和使用都非常不方便。为解决该问题，需要为用户提供一种友好并方便记忆和使用的名称，并且需要将该名称转换为 IP 地址以便实现网络通信，DNS（域名系统）就是一套可将简单易记的名称映射到烦琐难记的 IP 地址的解决方案。

1．DNS 基本概念

（1）DNS

DNS 是 Domain Name System（域名系统）的缩写。域名虽然便于人们记忆，但计算机只能通过 IP 地址来通信，它们之间的转换工作称为域名解析。域名解析需要由专门的域名解析服务器来完成，DNS 就是进行域名解析的服务器。

DNS 名称采用 FQDN（Fully Qualified Domain Name）的形式，由主机名和域名两部分组成。例如，www.baidu.com 就是一个典型的 FQDN，其中，baidu.com 是域名，表示一个区域；www 是主机名，表示 baidu.com 区域内的一台主机。

（2）域名空间

DNS 的域是一种分布式的层次结构。DNS 域名空间包括根域（root domain）、顶级域（top-level domains）、二级域（second-level domains）及子域（subdomains）。如"www.pconline.com.cn."，其中"."代表根域，"cn"为顶级域，"com"为二级域，"pconline"为三级域，"www"为主机名。

DNS 规定，域名中的标号都由英文字母和数字组成，每一个标号不超过 63 个字符，也不区分大小写字母。标号中除连字符（-）外，不能使用其他的标点符号。级别最低的域名写在最左边，而级别最高的域名写在最右边。由多个标号组成的完整域名总共不超过 255 个字符。如图 6-2 所示为域名体系层次结构。

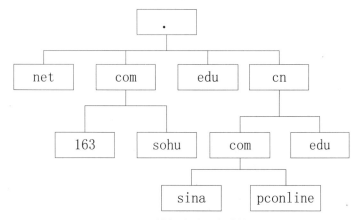

图6-2 域名体系层次结构

顶级域有两种类型的划分方式：机构域和地理域。表 6-1 列举了常用的机构域和地理域。

表6-1　常用的机构域和地理域

机构域		地理域	
.com	商业组织	.cn	中国
.edu	教育组织	.hk	中国香港
.net	网络支持组织	.mo	中国澳门
.gov	政府机构	.tw	中国台湾
.org	非商业性组织	.us	美国
.int	国际组织	.fr	法国

2．DNS 域名的类型与解析

（1）DNS 域名的解析方式

DNS 名称查询解析可以分为两个基本步骤：本地解析和 DNS 服务器解析。

① 本地解析。在 Window 系统中有个 Hosts 文件（%systemroot%\system32\drivers\etc），这个文件是根据 TCP/IP for Windows 的标准来工作的，它的作用是包含 IP 地址和 Host Name（主机名）的映射关系。根据 Windows 系统规定，在进行 DNS 请求之前，Windows 系统会先检查自己的 Hosts 文件中是否有这个地址映射关系，如果有，则调用这个 IP 地址映射；如果没有找到，则继续在以前的 DNS 查询应答的响应缓存中查找；如果缓存没有，再向已知的 DNS 服务器提出域名解析，也就是说 Hosts 的请求级别比 DNS 高。

② DNS 服务器解析。DNS 服务器是目前广泛采用的一种名称解析方法，全世界有大量的 DNS 服务器，它们协同工作构成一个分布式的 DNS 名称解析网络。例如，network.com 的 DNS 服务器只负责本域内数据的更新，而其他 DNS 服务器并不知道也无须知道 network.com 域内有哪些主机，但它们知道 network.com 域的位置；当需要解析 www.network.com 时，它们就会向 network.com 域的 DNS 服务器发出请求，从而完成该域名的解析。采用这种分布式 DNS 解析结构时，DNS 数据的更新只需要在一台或者几台 DNS 服务器上进行，使得整体的解析效率大大提高。

（2）DNS 服务器的类型

DNS 服务器用于实现 DNS 名称和 IP 地址的双向解析。在网络中，主要存在 4 种 DNS 服务器：主 DNS 服务器、辅助 DNS 服务器、转发 DNS 服务器和唯缓存 DNS 服务器。

① 主 DNS 服务器。主 DNS 服务器是特定 DNS 域内所有信息的权威性信息源。主 DNS 服务器保存着自主生产的区域文件，该文件是可读 / 写的。当 DNS 区域中的信息发生变化时，这些变化都会保存到主 DNS 服务器的区域文件中。

② 辅助 DNS 服务器。辅助 DNS 服务器不创建区域数据，它的区域数据是从主 DNS 服务器复制来的，因此，区域数据只能读不能修改，也称为副本区域数据。当启动辅助 DNS 服务器时，辅助 DNS 服务器会和建立联系的主 DNS 服务器联系，并从主 DNS 服务器中复制数据。辅助 DNS 服务器在工作时，会定期地更新副本区域数据，以尽可能地保证副本和

正本区域数据的一致性。辅助 DNS 服务器除了可以从主 DNS 服务器复制数据外，还可以从其他辅助 DNS 服务器复制区域数据。

在一个区域中设置多个辅助 DNS 服务器可以提供容错，分担主 DNS 服务器的负担，同时可以加快 DNS 解析的速度。

③ DNS 转发服务器。DNS 转发服务器用于将 DNS 解析请求转发给其他 DNS 服务器。当 DNS 服务器收到客户端的请求后，它首先会尝试从本地数据库中查找；若未找到，则需要向其他 DNS 服务器转发解析请求；其他 DNS 服务器完成解析后会返回解析结果；转发 DNS 服务器会将该结果保存在自己的缓存中，同时返回给客户端解析结果。后续如果客户端请求解析相同的名称，转发 DNS 服务器会立即回复该客户端；否则，将会再次发生转发解析的过程。

④ 唯缓存 DNS 服务器。唯缓存 DNS 服务器可以提供名称解析，但没有任何本地数据库文件。唯缓存 DNS 服务器必须同时是转发 DNS 服务器，它将客户端的解析请求转发给其他 DNS 服务器，并将结果存储在缓存中。其与转发 DNS 服务器的区别在于没有本地数据库文件。唯缓存服务器不是权威性的服务器，因为它所提供的所有信息都是间接信息。

（3）DNS 的查询模式

DNS 客户端向 DNS 服务器提出查询，DNS 服务器做出响应的过程称为域名解析。

正向解析是当 DNS 客户端向 DNS 服务器提交域名查询 IP 地址，或 DNS 服务器向另一台 DNS 服务器（提出查询的 DNS 服务器相对而言也是 DNS 客户端）提交域名查询 IP 地址，DNS 服务器做出响应的过程。反过来，如果 DNS 客户端向 DNS 服务器提交 IP 地址而查询域名，DNS 服务器做出响应的过程则称为反向解析。

根据 DNS 服务器对 DNS 客户端的不同响应方式，域名解析可分为两种类型：递归查询和迭代查询。

① 递归查询。递归查询发生在客户端向 DNS 服务器发出解析请求时，DNS 服务器会向客户端返回两种结果：查询到的结果或查询失败。如果当前 DNS 服务器无法解析名称，它不会告知客户端，而是自行向其他 DNS 服务器查询并完成解析。

② 迭代查询。迭代查询通常在一台 DNS 服务器向另一台 DNS 服务器发出解析请求时使用。发起者向 DNS 服务器发出解析请求，如果当前 DNS 服务器未能在本地查询到请求的数据，则当前 DNS 服务器将告诉发起 DNS 服务器另一台 DNS 服务器的 IP 地址，由发起查询的 DNS 服务器自行向另一台 DNS 服务器发起查询，以此类推，直到查询到所需数据为止。

迭代的意思是，若在某地查不到，该地就会告知查询者其他地方的地址，让查询转到其他地方去查。图 6-3 举例说明了迭代查询的过程：当 DNS 客户端发起查询 www.network.com 的解析请求时，如果本地 DNS 服务器未能解析成功，则会发生如图 6-3 所示的迭代查询过程。

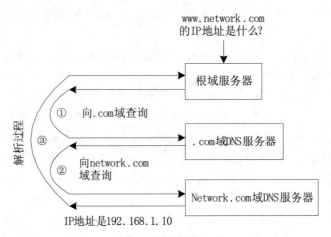

图6-3   迭代查询

（4）DNS 名称的解析过程

DNS 名称的解析过程如图 6-4 所示。

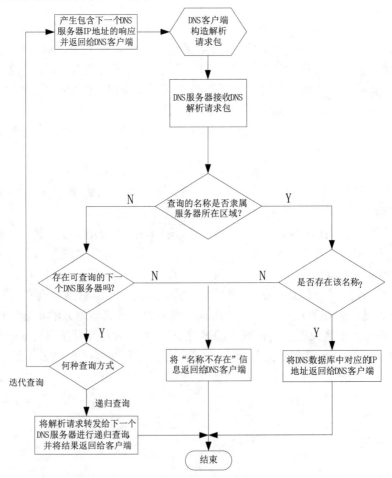

图6-4   DNS名称的解析过程

任务6-1　实现总部主DNS服务器的部署

 任务背景

北京总公司内拥有两台 Windows Server 2012 服务器，分别负责域名解析和网站发布，北京总公司网络拓扑如图 6-5 所示，公司希望通过部署 DNS 服务实现公司内部基于域名的相互访问。

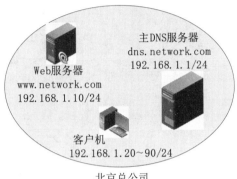

主DNS服务器
dns.network.com
192.168.1.1/24

Web服务器
www.network.com
192.168.1.10/24

客户机
192.168.1.20~90/24

北京总公司
network.com

图6-5　北京总公司网络拓扑

 任务分析

将 IP 为 192.168.1.1 的服务器配置为公司主 DNS 服务器，并在该 DNS 服务器上注册公司服务器的域名，实现公司内部域名和 IP 地址的映射。在客户端配置 DNS 服务器地址为公司主 DNS 服务器的 IP，即可实现公司内基于域名的相互访问。

 任务操作

1．DNS 服务的安装与验证

（1）安装 DNS 服务器

将 IP 为 192.168.1.1 的服务器配置为 DNS 服务器，具体步骤如下。

① 在【服务器管理器】主窗口下，单击【添加角色和功能】项。

② 在【添加角色和功能向导】中，单击【下一步】按钮。

③ 在【选择安装类型】中选择【基于角色或基于功能的安装】，单击【下一步】按钮。

④ 在【选择目标服务器】中单击【下一步】按钮。

⑤ 在服务器角色列表中，选择【DNS 服务器】这个服务，并选取默认的配套服务和功能，单击【下一步】按钮，如图 6-6 所示。

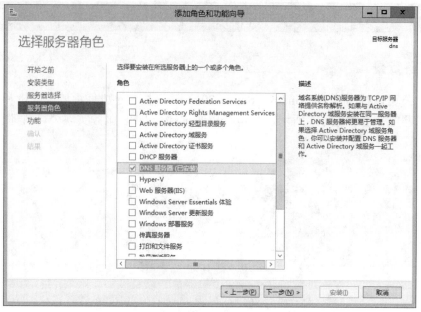

图6-6　添加DNS角色选择

⑥ 在【选择功能】中单击【下一步】按钮。

⑦ 在【DNS 服务器】中单击【下一步】按钮。

⑧ 在【确认安装所选内容】界面中单击【安装】按钮。

（2）DNS 服务安装的验证

① 查看文件。如果 DNS 服务成功安装，在 %systemroot%\system32 目录下会自动创建一个 dns 文件夹，其中包含 DNS 区域数据库文件和日志文件等 DNS 相关文件，如图 6-7 所示。

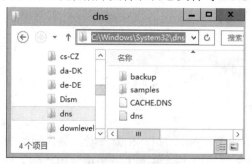

图6-7　DNS本地相关文件

② 查看服务。DNS 服务器成功安装后，会自动启动 DNS 服务。通过【服务器管理器】的【工具】菜单打开【服务】窗口，在其中可以看到已经启动的 DNS 服务，如图 6-8 所示。

图6-8　使用【服务】管理控制台查看DNS服务

打开命令行提示窗口，然后执行 net start 命令，将列出当前已启动的所有服务，在其中也能查看到已启动的 DNS 服务，如图 6-9 所示。

```
C:\>net start
已经启动以下 Windows 服务：
......（省略部分显示信息）
DNS Server
......（省略部分显示信息）
```

图6-9　使用net start 命令查看DNS 服务

2. 主要 DNS 服务器的配置

DNS 服务器需要通过 DNS 区域管理 DNS 名称空间，因此还需要在 DNS 服务器上创建相应的 DNS 区域。正向区域用于 DNS 名称到 IP 地址的正解析，如果 DNS 服务器上创建了一个 DNS 区域的主要区域，则该 DNS 服务器即成为该 DNS 区域的主 DNS 服务器。

（1）添加正向查找区域

① 打开 DNS 管理器，在【服务器管理器】主窗口下，单击【工具】→【DNS】命令，打开 DNS 管理器。

② 在控制台树中，右击【正向查找区域】，然后选择【新建区域】命令，打开【新建区域向导】对话框，如图 6-10 所示。

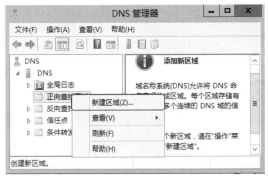

图6-10　新建正向查找区域

③ 在出现的【新建区域向导】对话框中，选择【主要区域】选项，然后单击【下一步】按钮，如图 6-11 所示。

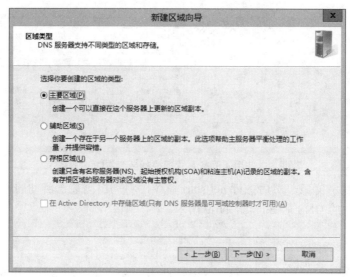

图6-11　新建主要区域-区域类型

④ 在接下来出现的【区域名称】窗口中，输入要新建的区域名称 network.com，如图 6-12 所示。

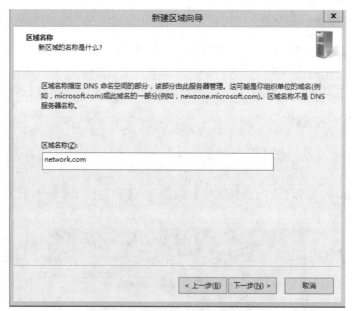

图6-12　新建区域向导-创建区域名称

⑤ 在 DNS 服务器中，每一个区域都会对应一个文件，使用默认的文件名，即 network.com.dns。

⑥ 在接下来的动态更新窗口中，通常情况下，基于安全的考虑，选择【不允许动态更新】，单击【下一步】按钮完成新建，如图 6-13 所示。

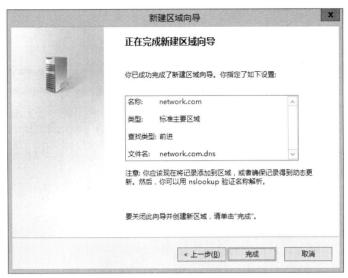

图6-13 新建主要区域完成

（2）添加资源记录

创建区域后，必须向区域中添加更多资源记录。添加的最常见资源记录包括下列各项。

- 主机（A）资源记录：用于将域名系统（DNS）域名映射到计算机使用的IP地址。
- 别名（CNAME）资源记录：用于将别名DNS映射到另一个主机名或其他名称。
- 邮件交换器（MX）资源记录：用于告知邮件服务器进程将邮件发送到指定的另一台邮件服务器。
- 指针（PTR）资源记录：用于映射基于某台计算机的IP地址的反向DNS域名，该IP地址指向该计算机的正向DNS域名，用于反向解析。

① 配置根域。

a. 在建立的 network.com 区域上右击，然后选择【属性】命令，在弹出的对话框中选择【名称服务器】选项卡，并单击【添加】按钮配置根域记录，如图 6-14 所示。

b. 在 FQDN 栏中输入根域 network.com，并在 IP 地址中输入对应的 IP 地址 192.168.1.1，如图 6-15 所示。

图6-14 配置根域

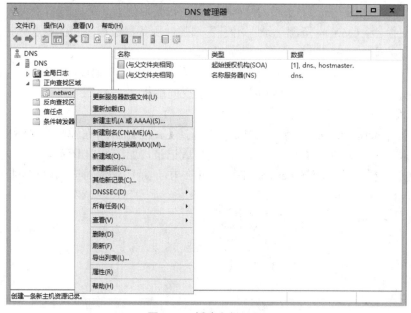

图6-15 编辑名称服务器记录（根域注册）

② 注册 Web 服务器（添加 A 记录）。

a. 在建立的 network.com 区域上右击，然后选择【新建主机（A 或 AAAA）】命令，如图 6-16 所示。

图6-16 新建主机记录

b. 在【新建主机】对话框中，名称输入 www，则完全限定的域名就是 www.network.com.，IP 地址中输入 192.168.1.10，最后单击【添加主机】按钮完成主机记录的添加，如图 6-17 所示。

图6-17　添加主机

③注册 Web 记录（别名）。

a. 在建立的 network.com 区域上右击，然后选择【新建别名（CNAME）】命令，如图 6-18 所示。

图6-18　新建别名记录

b. 在【新建资源记录】对话框中，输入一个新的名称 web，在【目标主机的完全合格的域名（FQDN）】一栏中输入 www.network.com（也可以通过单击【浏览】按钮，查找想要建立别名的主机），单击【确定】按钮完成别名记录的添加，如图 6-19 所示。完成后，web.network.com 和 www.network.com 就对应到了同一 IP 地址。

图6-19　添加别名记录

3．客户机的配置

在客户机网卡的TCP/IP选项中，配置DNS地址指向主DNS服务器IP地址，结果如图6-20所示。

图6-20　客户机DNS的配置

 任务验证

DNS的测试通常通过Ping、nslookup、ipconfig/displaydns命令进行。

1．Ping

在客户机上打开命令行工具，通过Ping命令测试域名是否能正常解析，如图6-21所示，可见域名www.network.com已经正确解析为IP：192.168.1.10。

图6-21　DNS的Ping测试

2．nslookup

更为专业的测试命令是 nslookup，在命令行窗口中输入 nslookup web.network.com，可以看到服务器的返回结果，如图 6-22 所示，web.network.com 对应的 IP 为 192.168.1.10，并且 web.network.com 是 www.network.com 的别名。

图6-22　DNS的nslookup测试

3．ipconfig/displaydns

用 Ping 命令测试各条域名解析结果后，可以输入 ipconfig/displaydns 命令查看客户机本地的 DNS 缓存记录，如图 6-23 所示。

图6-23　通过ipconfig命令查看本地DNS缓存记录

任务6-2　实现子公司DNS委派服务器的部署

任务背景

　　广州子公司内拥有两台 Windows Server 2012 服务器，分别负责域名解析和文件管理，域名服务器管理的域名 gz.network.com 是由公司总部委派给子公司管理的，子公司各服务器域名名称如图 6-24 所示，公司希望通过部署 DNS 服务实现公司内部基于域名的相互访问。

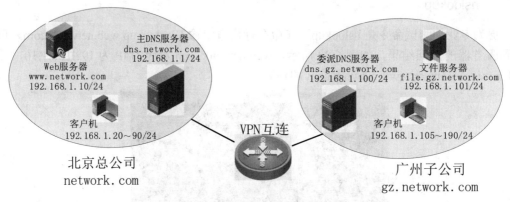

图6-24　广州子公司拓扑

任务分析

　　在子公司部署 DNS 服务可以加快子公司计算机域名的解析速度。如果子公司可以自己管理自己的域名，则子公司域名的注册效率因无须向总公司申请而得以提升。

　　通过在公司总部委派 gz.network.com 域名给广州子公司的 DNS 服务器进行管理，可实现子公司内部域名的管理。

　　在客户端配置 DNS 服务器地址为公司总部 DNS 服务器的 IP 地址，能够实现公司内部基于域名的相互访问。

任务操作

1．总公司委派

　　（1）在总公司的 DNS 服务器中打开【DNS 管理器】。
　　（2）在控制台树中，右击 network.com，然后选择【新建委派】命令，如图 6-25 所示。

图6-25　新建委派

（3）在如图6-26所示的对话框中，在【委派的域】中输入要委派的子域gz，然后单击【下一步】按钮。

（4）输入子域的FQDN和IP地址，IP地址为192.168.1.100，其中FQDN是主机名＋域名，这里就是WIN-UAR34A8GQAD.network.com，如图6-27所示。

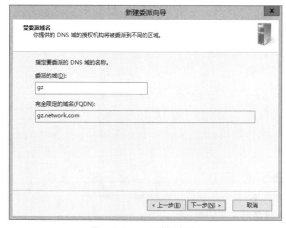

图6-26　gz子域委派

图6-27　子域委派服务器

（5）单击【确定】按钮，完成DNS子域的委派。

2．子公司管理gz.network.com域名

（1）在广州子公司的DNS服务器中打开【DNS管理器】。

（2）新建总公司刚刚委派的域名，如图6-28所示。

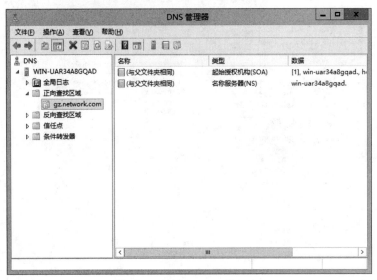

图6-28　子域gz.network.com

（3）添加文件服务器的主机记录，如图 6-29 所示。

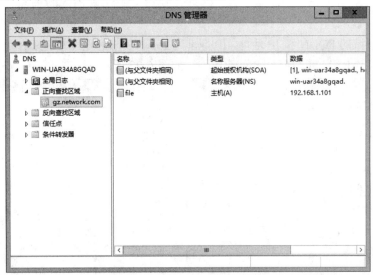

图6-29　添加文件服务器主机记录

 任务验证

在客户机上进行测试，客户机的首选 DNS 仍然是 192.168.1.1，可以看到在子域 DNS 服务器上有一个主机记录 file.gz.network.com 对应 192.168.1.101，这里使用 nslookup 命令测试，解析是成功的，如图 6-30 所示。但是提示非权威应答，因为首选 DNS 是 192.168.1.1，这个 DNS 没有子域的区域文件，所以是非权威应答。

图6-30　子域委派测试

任务6-3　实现香港办事处辅助DNS服务器的部署

 任务背景

香港办事处拥有一台 Windows Server 2012 服务器，该 DNS 服务器作为北京总部 DNS 服务器的辅助 DNS 服务器，只负责从北京总部复制 DNS 记录到自己的辅助 DNS 中，不能进行域名记录的添加和删除。公司网络拓扑如图 6-31 所示，该任务要实现香港办事处能通过本地域名解析以便快速访问公司资源。

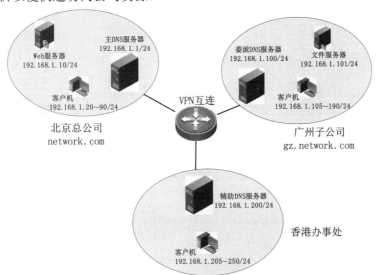

图6-31　公司网络拓扑

 任务分析

要实现香港办事处能通过本地域名解析以便快速访问公司资源，这就要求香港办事处的 DNS 服务器必须拥有全公司所有的域名数据。在公司中域名的数据存储在北京总公司的主域控制器和广州子公司的额外域控制器中，因此香港辅助 DNS 服务器必须复制北京和广州两台 DNS 服务器的数据，才能实现香港办事处计算机域名的快速解析，提高对公司网络资源访问的效率。

任务操作

1. 配置香港办事处为北京总公司辅助 DNS

（1）辅助 DNS 服务的配置

① 在香港办事处的 DNS 服务器中打开【DNS 管理器】。

② 在控制台树中，右击 DNS 服务器，然后选择【新建区域】命令打开新建区域向导。

③ 在出现的【新建区域向导】对话框中，选择【辅助区域】单选项，然后单击【下一步】按钮，如图 6-32 所示。

④ 在接下来的【区域名称】对话框中，输入要建立的辅助区域的名称（注意，辅助区域的名称要和主要区域的名称相同），如图 6-33 所示。

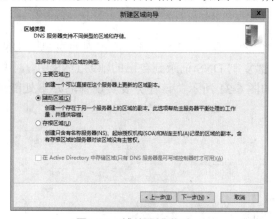 

图6-32　辅助区域类型　　　　　　　　图6-33　辅助区域名称

⑤ 添加建立的辅助区域要从哪些 DNS 服务器上进行 DNS 数据的复制（可以是多个）。这里输入北京总部 DNS 服务器的 IP 地址 192.168.1.1，如图 6-34 所示。

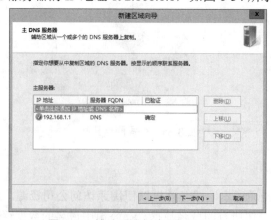

图6-34　辅助区域创建之主DNS-IP

⑥最后，单击【完成】按钮，完成辅助 DNS 服务器的创建。

注意：通常情况下，经过上述步骤后，我们创建的辅助区域是无法进行区域数据复制的，也就是说，我们创建的辅助区域无法正常提供服务。造成这个问题的原因是，我们还没有在主 DNS 服务器的相应区域上允许辅助 DNS 服务器进行数据复制。

（2）主 DNS 服务器允许复制

①在主 DNS 服务器的相应区域上右击，然后选择【属性】命令，如图 6-35 所示。

图6-35　查看区域属性

②在区域属性对话框中，选择【区域传送】选项卡。有三个单选项。

- 若要允许区域复制到所有服务器，选择【到所有服务器】。
- 若要允许区域仅复制到【名称服务器】选项卡中列出的 DNS 服务器，选择【只有在"名称服务器"选项卡中列出的服务器】。
- 若要允许区域仅复制到特定的 DNS 服务器，选择【只允许到下列服务器】，然后添加一个或多个 DNS 服务器的 IP 地址。

这里选择【到所有服务器】，最后单击【确定】按钮完成设置，如图 6-36 所示。

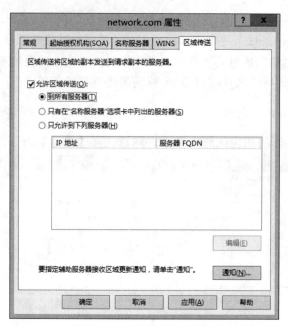

图6-36　允许区域数据复制

③ 接下来回到建立的辅助 DNS 服务器，在建立的辅助区域上重新进行数据加载，辅助 DNS 的区域就成功复制了主要区域的数据，如图 6-37 所示。

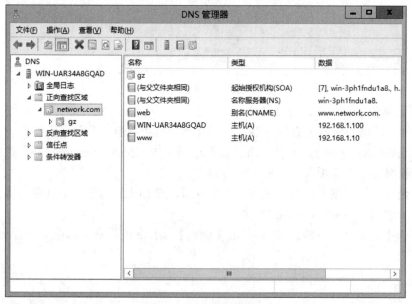

图6-37　区域复制数据

注意：配置以上实验时必须保证主 DNS 和辅助 DNS 能够相互通信，并且辅助 DNS 的首选 DNS 设置为主 DNS。

2. 配置香港办事处为广州子公司辅助 DNS

香港办事处能够解析到北京总公司的 DNS，如果香港办事处有用户需要解析到广州子公司的域名时，那么香港办事处的 DNS 无法马上做出解析，必须把请求发送至北京总公司，再由北京总公司 DNS 向广州子公司发送请求，广州子公司响应请求，发送给北京总公司，北京总公司再发送给香港办事处。如此一来，如果链路带宽比较小时，可能一个 DNS 请求需要等上一段很长的时间。为了解决这个问题，香港办事处需配置成广州子公司的辅助 DNS，这样可以保证快速响应 DNS 请求。

（1）辅助 DNS 服务的配置

① 在控制台树中，右击 DNS 服务器，然后选择【新建区域】命令打开【新建区域向导】对话框。

② 在出现的【新建区域向导】对话框中，选择【辅助区域】单选项，然后单击【下一步】按钮，如图 6-38 所示。

③ 在图 6-39 所示的【区域名称】对话框中，输入要建立的辅助区域的名称（注意，辅助区域的名称要和主要区域的名称相同）。

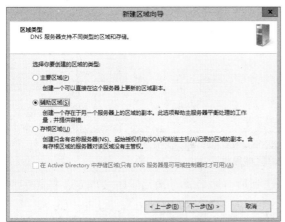
图6-38　辅助区域类型

图6-39　辅助区域名称

④ 添加建立的辅助区域要从哪些 DNS 服务器上进行 DNS 数据的复制（可以是多个）。这里输入广州子公司 DNS 服务器的 IP 地址 192.168.1.100，如图 6-40 所示。

图6-40　辅助区域创建之主DNS-IP

⑤ 最后，单击【完成】按钮，完成辅助 DNS 服务器的创建。

（2）广州 DNS 服务器配置为允许复制

① 在主 DNS 服务器的相应区域上右击，然后选择【属性】命令，如图 6-41 所示。

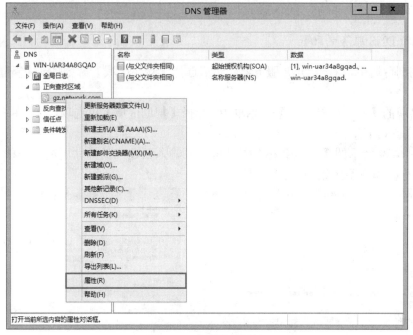

图6-41　查看区域属性

② 在区域属性对话框中，选择允许区域传送到所有服务器，最后单击【确定】按钮完成设置，如图 6-42 所示。

图6-42　允许区域数据复制

③ 接下来回到建立的辅助 DNS 服务器，在建立的辅助区域上重新进行数据加载，辅助 DNS 的区域就成功复制了主要区域的数据，如图 6-43 所示。

图6-43 区域复制数据

 任务验证

（1）验证香港办事处为北京总部设置的辅助区域是否正确。

将客户端 IP 地址指向香港办事处的 DNS 服务器地址，通过 nslookup 命令，可以解析到 Web 服务器的地址，如图 6-44 所示。

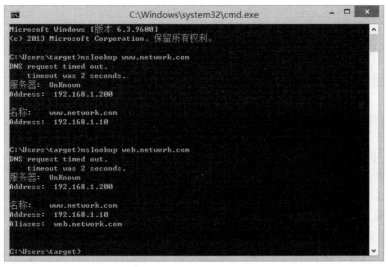

图6-44 辅助DNS测试（1）

（2）验证香港办事处为广州子公司设置的辅助区域是否正确。

将客户端 IP 地址指向香港办事处的 DNS 服务器地址，通过 nslookup 命令，可以解析到 文件服务器的地址，如图 6-45 所示。

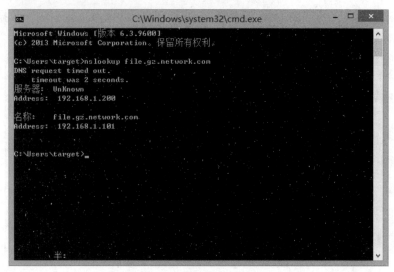

图6-45　辅助DNS测试（2）

任务6-4　DNS服务器的管理

 任务背景

公司使用 DNS 服务器一段时间后，有效提高了公司计算机和服务器的访问效率，并将 DNS 服务作为基础服务纳入日程管理。公司希望能定期对 DNS 服务器进行有效的管理与维护，以保障 DNS 服务器的稳定运行。

 任务分析

通过对 DNS 的递归管理、地址清理、备份等操作，可以实现 DNS 服务器的高效运行。

 任务操作

1. 启动或停止 DNS 服务器

（1）打开 DNS 管理器。

（2）在控制台树中，单击适用的域名系统（DNS）服务器。

（3）选择【操作】→【所有任务】命令，然后选择下列选项之一（见图 6-46）。

- 若要启动服务，请选择【启动】。
- 若要停止服务，请选择【停止】。
- 若要中断服务，请选择【暂停】。
- 若要停止然后自动重新启动服务，请选择【重新启动】。

图6-46　DNS服务启动/停止

2. 限制 DNS 服务器只侦听选定的地址

默认情况下，会将在多宿主计算机上运行的 DNS 服务器服务配置为使用其所有 IP 地址来侦听 DNS 查询。可以将 DNS 服务器服务侦听的 IP 地址限制为其 DNS 客户端用作首选 DNS 服务器的 IP 地址，从而提高 DNS 服务器的安全性。

（1）打开 DNS 管理器。

（2）在控制台树中，单击适用的 DNS 服务器。

（3）选择【操作】→【属性】命令，弹出【DNS 属性】对话框，如图 6-47 所示。

（4）在【接口】选项卡中，选择【只在下列 IP 地址】。

（5）在【IP 地址】中，选择 DNS 服务器要侦听的地址。

如果 DNS 服务器有多个 IP 地址，那么在【IP 地址】列表框中就会存在多个 IP 地址的复选框。在本例中，该 DNS 有 192.168.1.1（IPv4）和 fe80::d02:fed2:7586:779f（IPv6）两个 IP 地址。

图6-47　限制DNS服务侦听IP

3．DNS 的老化和清理

DNS 服务器服务支持老化和清理功能。这些功能作为一种机制，用于清理和删除随时间推移而积累于区域数据中的过时资源记录。可以使用此过程设置特定区域的老化和清理属性。

（1）打开 DNS 管理器。

（2）在控制台树的 DNS 服务器名称的右键菜单中选择【为所有区域设置老化 / 清理】命令。

（3）在弹出的【服务器老化 / 清理属性】对话框中选中【清理过时资源记录】复选框。

（4）同时可以根据企业实际需要修改无刷新间隔时间和刷新间隔时间，并单击【确定】按钮完成配置，如图 6-48 所示。

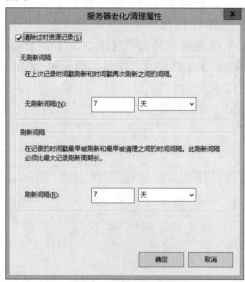

图6-48　区域老化/清理属性

4．在 DNS 服务器上禁用递归

默认情况下，DNS 服务器会代表其 DNS 客户端及已将 DNS 客户端查询转发给它的 DNS 服务器执行递归查询。递归是一项名称解析技术，借助此技术，DNS 服务器可以代表进行申请的客户端来查询其他的 DNS 服务器以完成解析名称，然后将应答发回客户端。

攻击者可以使用递归功能实现拒绝 DNS 服务器服务攻击。因此，如果网络中的 DNS 服务器不准备接收递归查询，则应在该服务器上禁用递归。

（1）打开 DNS 管理器。

（2）在控制台树中，右击适用的 DNS 服务器，然后选择【属性】命令。

（3）单击【高级】选项卡。

（4）在【服务器选项】中，选中【禁用递归（也禁用转发器）】复选框，然后单击【确定】按钮，如图 6-49 所示。

图6-49　DNS服务器禁用递归

5．在 DNS 服务器备份和还原

（1）DNS 的备份

① 停止 DNS 服务。

② 单击【开始】→【运行】命令，输入【regedit】打开注册表，找到 HKEY_LOCAL_MACHINE\SYSTEM\CurrentControlSet\Services\DNS。

③ 将 DNS 分支导出，命名为 dns-1。

④ 再找到 HKEY_LOCAL_MACHINE\SOFTWARE\Microsoft\Windows NT\CurrentVersion\DNS Server。

⑤ 将 DNSServer 分支导出，命名为 dns-2。

⑥ 打开 %systemroot%\System32\dns，把其中的所有 *.dns 文件复制出来，并和 dns-1.reg 及 dns-2.reg 保存在一起，如图 6-50 所示。

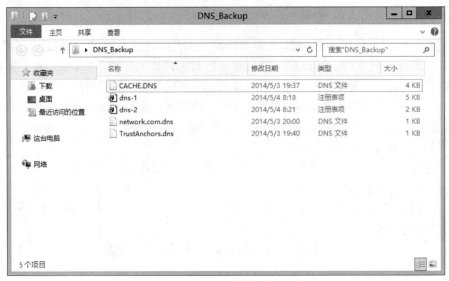

图6-50　DNS备份文件

（2）DNS 的恢复

① 当区域里的 DNS 服务器发生故障时，重新建立一台 Windows Server 2012 服务器，并与所要替代的 DNS 服务器设置相同 IP 地址。

② 在新系统中安装并启动 DNS 服务。

③ 把前面备份出来的 *.dns 文件复制到新系统的 %systemroot%\System32\dns 文件夹中。

④ 停用 DNS 服务。

⑤ 把备份的 dns-1.reg 和 dns-2.reg 导入到注册表中。

⑥ 重新启动 DNS 服务。导入成功，如图 6-51 所示。

图6-51　DNS还原成功

习题与上机

一、理论习题

1. DNS 域名空间的树形层次结构由 _____、_____、_____ 和 _____ 构成。

2. DNS 服务器的类型有 _____。

3. 域名解析可分为两种类型：_____ 和 _____。

4. DNS 服务器服务提供 3 种类型的区域，分别是 _____、_____ 和 _____。

5. _____ 是 DNS 服务器中存储的域名系统（DNS）数据，可识别 DNS 命名空间的根区域的权威 DNS 服务器。

二、项目实训题

Network 公司在 3 个 VLAN 中部署了多台 DNS 服务器，各 DNS 服务器角色如图 6-52 所示。你是该公司的网络管理员，请根据公司需求部署各计算机（各计算机的主机号为计算机编号）。

项目要求：写出项目现象和项目结果，并对项目中出现的问题做出分析，提出解决办法。

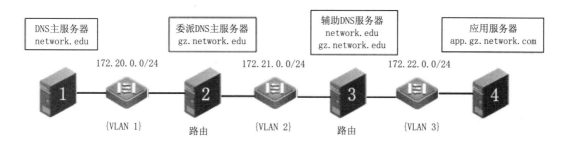

图6-52 公司网络拓扑

DHCP服务的管理

 项目描述

　　某公司的服务器和计算机都在一个局域网中，通过路由器接入互联网，公司的网络管理员经常需要对内部计算机配置 IP 地址、网关、DNS 等。由于公司内部计算机数量大，并且还有大量的移动 PC，公司网管希望能配置一台应用服务器实现计算机 IP、网关、DNS 的自动配置。公司网络拓扑如图 7-1 所示。

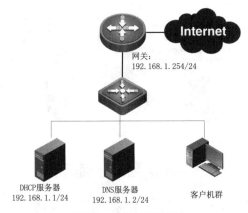

图7-1　公司网络拓扑

 项目分析

　　客户机 IP 地址、网关、DNS 参数的配置都属于 TCP/IP 参数，DHCP（Dynamic Host Configuration Protocol，动态主机配置协议）是专门用于 TCP/IP 网络中的主机自动分配 TCP/IP 参数的协议。通过在网络中部署 DHCP 服务，不仅可以实现客户机 TCP/IP 的自动配置，还能对网络的 IP 地址进行管理。

 相关知识

1. DHCP 的概念

　　假设公司共有 200 台计算机需要配置 TCP/IP 参数，如果手动配置，每台需要耗费 2 分钟，共需要 400 分钟约 7 个小时，如果某些 TCP/IP 参数发生变化，则上述工作将会重复。在部署后的一段时间，如果还有一些移动 PC 需要接入，管理员还必须将未被使用的 IP 分配给这些移动 PC，但问题是哪些 IP 是未被使用的呢？因此管理员还必须对 IP 地址进行管理，登记已分配 IP、未分配 IP、到期 IP 等 IP 信息。

这种手动配置 TCP/IP 参数的工作非常烦琐而且效率低下，DHCP 协议专门用于为 TCP/IP 网络中的主机自动分配 TCP/IP 参数。DHCP 客户端在初始化网络配置信息（启动操作系统、手动接入网络）时，会主动向 DHCP 服务器请求 TCP/IP 参数，DHCP 服务器收到 DHCP 客户端的请求信息后，通过将管理员预设的 TCP/IP 参数发送给 DHCP 客户端，从而使 DHCP 客户端动态、自动获得相关网络配置信息（IP 地址、子网掩码、默认网关等）。

（1）DHCP 的应用场景

在实际工作中，通常在下列情况采用 DHCP 来自动分配 TCP/IP 参数。

① 网络中的主机较多，手动配置的工作量很大，因此需要采用 DHCP。

② 网络中的主机多而 IP 地址数量不足时，采用 DHCP 能够在一定程度上缓解 IP 地址不足的问题。例如网络中有 300 台主机，但可用的 IP 地址只有 200 个，如果采用手动分配方式，则只有 200 台计算机可接入网络，其余 100 台将无法接入。在实际工作中，通常 300 台主机同时接入网络的可能性不大，因为公司实行三班倒机制，不上班的员工计算机并不需要接入网络。在这种情况下，使用 DHCP 恰好可以调节 IP 地址的使用。

③ 一些移动 PC 经常在不同的网络中移动，通过 DHCP 可以在任意网络中自动获得 IP 地址而无须任何额外的配置，从而满足了移动用户的需求。

（2）部署 DHCP 服务的优势

① 对于园区网络管理员，用于给内部网络的众多客户端主机自动分配网络参数，提高工作效率。

② 对于网络服务供应商（ISP），用于给客户计算机自动分配网络参数。通过 DHCP，可以简化管理工作，达到中央管理、统一管理的目的。

③ 在一定程度上缓解 IP 地址不足的问题。

④ 方便经常需要在不同网络间移动的主机联网。

2．DHCP 客户端首次接入网络的工作过程

DHCP 自动分配网络设备参数是通过租用机制来完成的。DHCP 客户端首次接入网络时，需要通过和 DHCP 服务器交互才能获取 IP 租约。IP 地址租用分为发现阶段、提供阶段、选择阶段和确认阶段 4 个阶段，如图 7-2 所示。

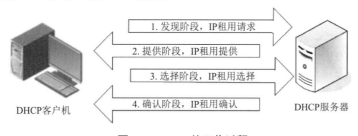

图7-2　DHCP的工作过程

DHCP 4 个阶段对应的消息名称及作用如表 7-1 所示。

表7-1　DHCP 4个阶段对应的消息名称及作用

消息名称	消息的作用
DHCP Discover	DHCP客户端寻找DHCP服务器，请求分配IP地址等网络配置信息
DHCP Offer	DHCP服务器回应DHCP客户端请求，提供可被租用的网络配置信息
DHCP Request	DHCP客户端租用选择网络中某一台DHCP服务器分配的网络配置信息
DHCP ACK	DHCP服务器对DHCP客户端的租用选择进行确认

（1）发现阶段（DHCP Discover）

当 DHCP 客户端第一次接入网络并初始化网络参数时（操作系统启动、新安装了网卡、插入网线、启用被禁用的网络连接时），由于客户端没有 IP 地址，DHCP 客户端将发送 IP 租用请求。因为客户端不知道 DHCP 服务器的 IP 地址，所以它将会以广播的方式发送 DHCP Discover 消息。DHCP Discover 包含如下关键信息。

- 源MAC地址：客户端网卡的MAC地址。
- 目的MAC地址：FF:FF:FF:FF:FF:FF（广播地址）。
- 源IP地址：0.0.0.0。
- 目的IP地址：255.255.255.255（广播地址）。
- 源端口号：68。
- 目的端口号：67。
- 客户端硬件地址标志字段：客户端网卡的MAC地址。
- 客户端ID：客户端网卡的MAC地址。
- 客户端主机名。

（2）提供阶段（DHCP Offer）

DHCP 服务器收到客户端发出的 DHCP Discover 消息后，会通过发送一个 DHCP Offer 消息做出响应，并为客户端提供 IP 地址等网络配置参数。DHCP Offer 包含如下关键信息。

- 源MAC地址：DHCP服务器网卡的MAC地址。
- 目的MAC地址：FF:FF:FF:FF:FF:FF（仍为广播地址）。
- 源IP地址：DHCP服务器网卡的IP地址。
- 目的IP地址：255.255.255.255（仍为广播地址）。
- 源端口号：67。
- 目的端口号：68。
- 提供给客户端的IP地址。
- 提供给客户端的子网掩码。
- 提供给客户端的网关IP地址等其他网络配置参数。
- 提供给客户端IP地址、子网掩码、网关等网络配置参数的租约时间。
- 客户端硬件地址标志字段：客户端网卡的MAC地址。
- 服务器ID：服务器网卡的IP地址。

（3）选择阶段（DHCP Request）

DHCP 客户端收到 DHCP 服务器的 Offer 后，并不会直接将该租约配置在 TCP/IP 参数上，它还必须向服务器发送一个 DHCP Request 包以确认租用。DHCP Request 包含如下关键信息（DHCP 服务器 IP：192.168.1.1/24；DHCP 客户端 IP：192.168.1.10/24）。

- 源MAC地址：DHCP客户端网卡的MAC地址。
- 目的MAC地址：FF:FF:FF:FF:FF:FF（广播地址）。
- 源IP地址：0.0.0.0。
- 目的IP地址：192.168.1.255（广播地址）。
- 源端口号：68。
- 目的端口号：67。
- 客户端硬件地址标志字段：客户端网卡的MAC地址。
- 客户端请求的IP地址：192.168.1.10。
- 客户端ID：192.168.1.10。
- 客户端主机名。

（4）确认阶段（DHCP ACK）

DHCP 服务器收到客户端的 DHCP Request 包后，将通过发送 DHCP ACK 消息给客户端，完成 IP 地址租约的签订，客户端收到该数据包即可以使用服务器提供的 IP 地址等网络配置参数信息完成 TCP/IP 参数的配置。DHCP ACK 包含如下关键信息。

- 源MAC地址：DHCP服务器网卡的MAC地址。
- 目的MAC地址：FF:FF:FF:FF:FF:FF（仍为广播地址）。
- 源IP地址：DHCP服务器网卡的IP地址。
- 目的IP地址：255.255.255.255（仍为广播地址）。
- 源端口号：67。
- 目的端口号：68。
- 提供给客户端的IP地址。
- 提供给客户端的子网掩码。
- 提供给客户端的网关IP地址等其他网络配置参数。
- 提供给客户端IP地址、子网掩码、网关等网络配置参数的租约时间。
- 客户端硬件地址标志字段：客户端网卡的MAC地址。
- 服务器ID：服务器网卡的IP地址。

DHCP 客户端收到服务器发出的 DHCP ACK 消息后，会将该消息中提供的 IP 地址和其他相关 TCP/IP 参数与自己的网卡绑定，实现网络通信，此时 DHCP 客户端首次接入网络获得 IP 租约的过程完成。

3．DHCP 客户端 IP 租约更新

（1）DHCP 客户端持续在线时进行 IP 租约更新

DHCP 客户端获得 IP 租约后，必须定期更新租约，否则当租约到期时，将不能再使用此 IP 地址。每当租用时间到达租约的 50% 和 87.5% 时，客户端必须发出 DHCP Request 消息，向 DHCP 服务器请求更新租约。

① 在当期租约已使用 50% 时，DHCP 客户端将以单播方式直接向 DHCP 服务器发送

DHCP Request 消息。如果客户端接收到该服务器回应的 DHCP ACK 消息（单播方式），则根据 DHCP ACK 消息中所提供的新的租约更新 TCP/IP 参数，IP 租用更新完成。

② 如果在租约已使用 50% 时未能成功更新 IP 租约，则客户端将在租约已使用 87.5% 时以广播方式发送 DHCP Request 消息。如果收到 DHCP ACK 消息，则更新租约；如仍未收到服务器回应，则客户端仍可以继续使用现有的 IP 地址。

③ 如果知道当前租约到期仍未完成续约，则 DHCP 客户端将以广播方式发送 DHCP Discover 消息，重新开始 4 个阶段的 IP 租用过程。

（2）DHCP 客户端重新启动时进行 IP 租约更新

① 客户机重启后，如果租约已经到期，则客户机将重新开始 4 个阶段的 IP 租用过程。

② 如果租约未到期，则通过广播方式发送 DHCP Request 消息，DHCP 服务器查看该客户机 IP 是否已经租用给其他客户。如果未租用给其他客户，则发送 DHCP ACK 消息，客户端完成续约；如果已经租用给其他客户，则该客户端必须重新开始 4 个阶段的 IP 租用过程。

4．DHCP 客户端租用失败的自动配置

DHCP 客户端在发出 IP 租用请求的 DHCP Discover 广播包后，将花费 1 秒等待 DHCP 服务器的回应，如果没有收到服务器的回应，它会将这个广播包重新广播 4 次（以 2，4，8，16 秒为间隔，加上 1~1000 毫秒随机长度的时间）。4 次广播之后，如果仍然不能收到服务器的回应，则将从 169.254.0.0/16 网段内随机选择一个 IP 地址作为自己的 TCP/IP 参数。

注意：

- 169.254开头的IP地址（自动私有IP地址）是DHCP客户端申请IP地址失败后得到的IP地址结果值，使用自动私有IP地址可以使得当DHCP服务不可用时，DHCP客户端之间仍然可以利用该地址通过TCP/IP协议进行通信。169.254开头的网段地址是私有IP地址网段，以它开头的IP地址数据包不能够、也不可能在Internet上出现。

- DHCP客户端究竟是怎么确定配置某个未被占用的169.254开头的IP地址呢？它利用ARP广播来确定自己所挑选的IP地址是否已经被网络上的其他设备使用：如果发现该IP地址已经被使用，那么客户端会再挑选另一个169.254开头的IP地址重新测试，而且最多可以重试10个IP地址，直到成功获取配置。

- 如果客户端是Windows XP以上的Windows操作系统版本，并且在网卡配置中设置了"备用配置"网络参数，则自动获取IP失败后，将采用"备用配置"的网络参数作为TCP/IP参数，而不是获得169.254开头的IP地址信息。

任务7-1　DHCP服务的安装与部署

 任务背景

公司拥有 200 台计算机，网络管理员希望通过配置 DHCP 服务器实现客户机自动配置 IP 地址，从而实现公司计算机间的相互通信。公司网络地址段为 192.168.1.0/24，可分配给客户机的 IP 地址范围为 192.168.1.10~192.168.1.200。公司网络拓扑结构如图 7-3 所示。

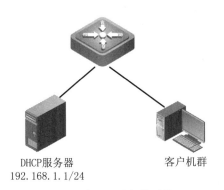

DHCP服务器
192.168.1.1/24

客户机群

图7-3　公司网络拓扑结构

 任务分析

DHCP 服务可以实现 IP 地址的管理与分配。公司可以在一台 Windows Server 2012 服务器上安装【DHCP 服务器】角色和功能，让该服务器成为 DHCP 服务器，并配置 DHCP 服务器和客户端即可实现本任务。实现该任务的主要步骤如下。

（1）在 Windows Server 2012 服务器上添加【DHCP 服务器】角色和功能。

（2）在 DHCP 服务管理器上创建 DHCP 作用域，并启用作用域。

（3）在客户端配置 DHCP 客户端，并验证 IP 租用与局域网通信状况。

 任务操作

1. 添加 DHCP 服务器角色和功能

（1）DHCP 服务器的 TCP/IP 配置

DHCP 服务器必须使用静态 IP 地址（固定 IP），DHCP 服务器的 IP 地址为 192.168.1.1/24。打开服务器的本地连接，在本地连接的属性对话框中选择【Internet 协议版本 4（TCP/IPv4）】，并单击【属性】按钮，在弹出的配置界面中输入 IP 地址信息，如图 7-4 所示。

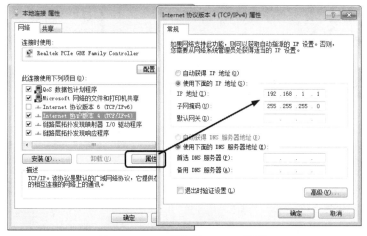

图7-4　DHCP服务器TCP/IP的配置

（2）【DHCP 服务器】角色和功能的安装

① 在【服务器管理器】的管理下拉式菜单中选择【添加角色和功能】，进入【添加角色和功能向导】界面。

② 单击【下一步】按钮后进入【安装类型】，默认进入【服务器选择】界面，选择192.168.1.1 服务器，并单击【下一步】按钮，如图 7-5 所示。

图7-5　DHCP服务器的安装——服务器选择界面

③ 在【服务器角色】界面选择【DHCP 服务器】复选框，如图 7-6 所示，单击【下一步】按钮进入【功能】界面。由于功能在刚刚弹出的对话框中已经自动添加了，因此这里保持默认选项，单击【下一步】按钮。

图7-6　DHCP服务器的安装——服务器角色界面

④ 在【确认】界面单击【安装】按钮，等待一段时间后即可完成 DHCP 服务器角色和功能的添加，结果如图 7-7 所示。

图7-7　DHCP服务器的安装——结果界面

（3）DHCP 服务安装的验证

① 查看文件。如果 DHCP 服务成功安装，在 %systemroot%\system32 目录下会自动创建一个 dhcp 文件夹，其中包含 DHCP 区域数据库文件和日志文件等 DHCP 相关文件，如图 7-8 所示。

图7-8　DHCP本地相关文件

② 查看服务。DHCP 服务器成功安装后，会自动启动 DHCP 服务，此时通过【服务器管理器】的【工具】菜单打开【服务】管理控制台，在其中可以看到已经启动的 DHCP 服务，如图 7-9 所示。

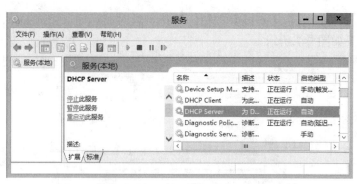

图7-9　使用【服务】管理控制台查看DHCP服务

打开命令行提示窗口，然后执行 net start 命令，将列出当前已启动的所有服务，在其中也能查看到已启动的 DHCP 服务，如图 7-10 所示。

```
C:\>net start
已经启动以下 Windows 服务：
......（省略部分显示信息）
DHCP Server
......（省略部分显示信息）
```

图7-10　使用net start 命令查看DHCP 服务

2．DHCP 作用域的配置

添加 DHCP 服务器角色和功能后，系统已经启动 DHCP 服务，但是 DHCP 服务器还无法工作，因为 DHCP 需要配置其可管理的 IP 地址及相关信息，而这些需要通过创建 DHCP 作用域来完成。

DHCP 作用域是为了便于管理而对子网上使用 DHCP 服务的计算机 IP 地址及其他网络配置参数进行的分组。一般而言，管理员首先会为每个物理子网创建一个作用域，然后使用此作用域定义客户端所用的网络配置参数。狭义地说，就是创建一个 IP 地址范围，以便为客户端分配本范围内的 IP 地址。作用域具有以下相关属性。

- 作用域名称：在创建作用域时指定的作用域标志。
- IP地址的范围：可在其中包含欲分配出去的IP地址范围和欲排除（不分配给客户端）的IP地址范围。
- 子网掩码：用于确定给定IP地址范围的网络地址，也就是确定是哪个子网。
- 租用期：客户端租用IP地址等网络配置参数的时间。
- 作用域选项：除了IP地址、子网掩码及租用期以外的网络配置参数，如默认网关、DNS服务器IP地址等。
- 保留：可以配置始终分配相同的IP地址（及其他网络配置参数）给某台主机，以便于给网络上指定的计算机配置永久的网络配置参数租用分配。

DHCP 服务器只能将作用域中定义的 IP 地址分配给 DHCP 客户端，因此，必须创建作用域才能让 DHCP 服务器分配 IP 地址给 DHCP 客户端。

在本任务中可分配的 IP 地址范围为 192.168.1.10~192.168.1.200。DHCP 作用域的新建步骤如下。

（1）在【任务管理器】中单击【工具】→【DHCP】命令，打开 DHCP 服务管理器。

（2）展开左侧的【DHCP】服务器，在【IPv4】的右键菜单中选择【新建作用域】命令，如图 7-11 所示。

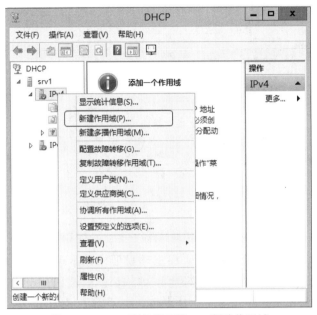

图7-11　DHCP服务管理器——新建作用域

（3）在打开的【新建作用域向导】中单击【下一步】按钮进入【作用域名称】界面，在【名称】中输入"DHCP Server"，单击【下一步】按钮，如图 7-12 所示。

图7-12　新建作用域向导——作用域名称界面

（4）在【IP 地址范围】界面中设置可以用于分配的 IP 地址，输入如图 7-13 所示的起始 IP 地址和子网掩码，单击【下一步】按钮。

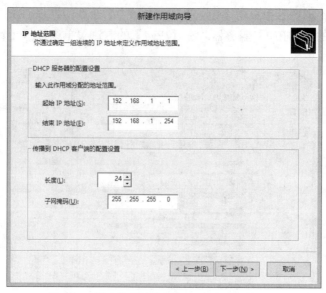

图7-13　新建作用域向导——IP地址范围界面

（5）在【添加排除和延迟】界面中，根据项目要求，本项目仅允许分配 192.168.1.10~192.168.1.200 地址段，因此需要将 192.168.1.1~192.168.1.9 和 192.168.1.201~192.168.1.254 两个地址段排除，添加排除后，单击【下一步】按钮，如图 7-14 所示。

延迟是指服务器发送 DHCP Offer 消息传输的时间值，单位为毫秒，默认为 0。

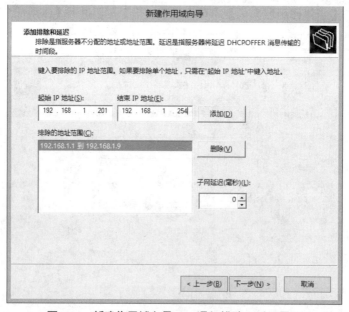

图7-14　新建作用域向导——添加排除和延迟界面

（6）在【租用期限】界面中，可以根据实际应用场景配置租用时间长度。

例如本章开头提及的 200 个 IP 地址为 300 台计算机服务时，租约宜设置较短的租期，如 1 分钟，这样第一批员工下班后，只需要 1 分钟，第二批员工开机就可以重复使用第一批员工计算机的 IP 地址了。

如果 200 个 IP 地址为 100 台计算机租用时，由于 IP 地址充足，则可以设置较长的租用期限，如 100 天。

在本项目中因未说明 IP 地址和主机数量的关系，采用默认即可，并单击【下一步】按钮，如图 7-15 所示。

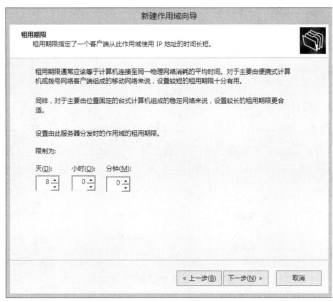

图7-15　新建作用域向导——租用期限界面

（7）在【配置 DHCP 选项】界面中，选择【否，我想稍后配置这些选项】，并按向导完成作用域的配置，如图 7-16 所示。

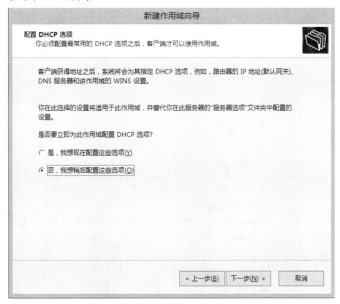

图7-16　新建作用域向导——配置DHCP选项界面

（8）回到 DHCP 服务管理器界面，可以看到刚刚创建的作用域，此时该作用域并未开始工作，它的图标中有一个向下的红色箭头，表明该作用域处于未激活状态。

（9）选择192.168.1.0作用域，在它的右键菜单中选择【激活】命令，完成DHCP作用域的激活，如图7-17所示。此时该作用域的红色箭头消失了，客户机可以开始向服务器租用该作用域下的IP地址了。

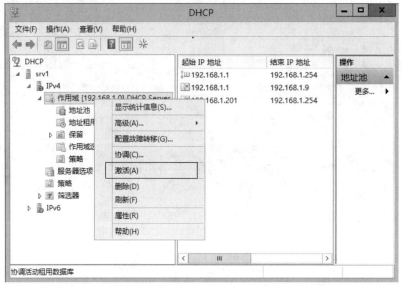

图7-17　激活创建的作用域

3．DHCP客户端的配置

将DHCP客户机的TCP/IP配置为自动获取，如图7-18所示，然后将客户机接入到DHCP服务器所在网络，即可完成DHCP客户端的配置。

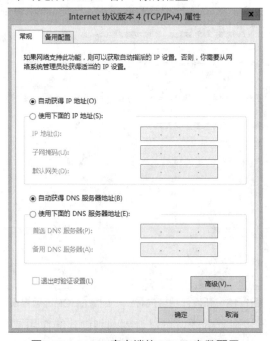

图7-18　DHCP客户端的TCP/IP参数配置

任务验证

1．通过客户端界面验证

（1）在客户端的【本地连接】的右键菜单中选择【状态】命令，如图7-19所示，打开【本地连接 状态】界面。

图7-19　查看本地连接状态

（2）单击【本地连接 状态】中的【详细信息】按钮，打开【网络连接详细信息】对话框，从该对话框中可以看到客户端自动配置的 IP 地址、子网掩码、租约、DHCP 服务器等信息，如图 7-20 所示。

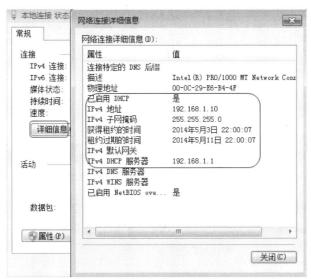

图7-20　网络连接详细信息界面

2．通过客户端命令验证

在客户端打开命令行窗口，运行 ipconfig/all 命令，在图 7-21 中也可以看到客户端自动配置的 IP 地址、子网掩码、租约、DHCP 服务器等信息。

```
C:\>ipconfig/all
......（省略部分显示信息）
以太网适配器 本地连接：
连接特定的 DNS 后缀 . . . . . . . . :
描述 . . . . . . . . . . . . . . . . . . : Intel(R) PRO/1000 MT Network Connection
物理地址 . . . . . . . . . . . . . : 00-0C-29-E6-B4-4F
DHCP 已启用 . . . . . . . . . . . : 是
自动配置已启用 . . . . . . . . . : 是
IPv4 地址 . . . . . . . . . . . . : 192.168.1.10（首选）
子网掩码 . . . . . . . . . . . : 255.255.255.0
获得租约的时间 . . . . . . . . : 2014 年 5 月 3 日 22:00:07
租约过期的时间 . . . . . . . . : 2014 年 5 月 11 日 22:00:07
默认网关 . . . . . . . . . . . . . :
DHCP 服务器 . . . . . . . . . . . : 192.168.1.1
......（省略部分显示信息）
```

图7-21　ipconfig/all命令执行结果界面

3.通过 DHCP 服务管理器验证

展开 DHCP 服务管理器的【作用域】，单击【地址租用】，可以查看客户端 IP 地址的租约，如图 7-22 所示。

图7-22　DHCP服务器地址租约结果

任务7-2　配置作用域选项实现客户机对外通信

 任务背景

任务 7-1 实现了客户机 IP 地址的自动配置，以及客户机和服务器的相互通信，但是并不能解决客户机与外网通信的问题。经检测，导致客户机无法访问外网的原因为未配置网关和DNS。公司希望 DHCP 服务器能为客户机自动配置网关和 DNS，实现客户机与外网的通信。公司网络拓扑如图 7-23 所示。

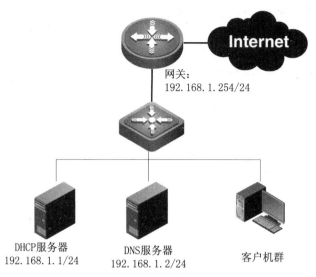

图7-23 公司网络拓扑

任务分析

DHCP 服务器不仅可以为客户机配置 IP 地址、子网掩码，还可以为客户机配置网关、DNS 地址等信息。网关是客户机访问外网的必要条件，DNS 是客户解析网络域名的必要条件，因此只有配置了网关和 DNS 才能解决客户机与外网通信的问题。

在 DHCP 作用域的配置中，只有配置了作用域选项或服务器选项，客户机才能自动配置网关和 DNS 地址。作用域选项和服务器选项的位置如图 7-24 所示。

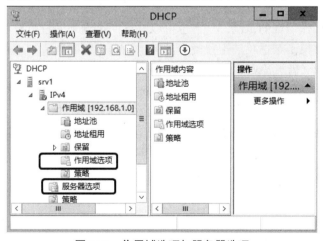

图7-24 作用域选项与服务器选项

作用域选项和服务器选项的属性对话框分别如图 7-25（a）和图 7-25（b）所示。

（a）　　　　　　　　　　　　　　　（b）

图7-25　作用域选项与服务器选项的属性对话框

从图 7-25 中可以看出作用域选项和服务器选项的配置选项是完全一样的，它们都用于为客户端配置 DNS、网关等网络配置信息。如果作用域选项和服务器选项相同选项的配置不同时，客户端加载的配置是作用域选项优先还是服务器选项优先呢？这两个选项是如何协同工作的呢？

首先，这两个选项的工作范围不同，服务器选项工作在整个 DHCP 服务器范围，作用域选项则工作在其隶属作用域的范围，这点也可以从这两个选项的位置看出。因此，客户端在获取选项配置时，如果两个选项的配置没有冲突，则两个都配置；如果存在冲突，则作用域选项优于服务器选项（就近原则）。

在实际应用中，每一个网段的网关（"003 路由器"子项）都不一样，这条记录都应由作用域选项来配置。一个园区网络通常只部署一台 DNS 服务器，即每一个网络的客户机的 DNS 地址都是一样的，因此通常在服务器选项中部署 DNS 地址（"006 DNS 服务器"子项）。

因此，根据公司网络拓扑可知，本任务可以在 192.168.1.0 的作用域选项中配置网关（192.168.1.254），在服务器选项中配置 DNS（192.168.1.2）。

 任务操作

1. 配置 DHCP 服务器的作用域选项

（1）打开 DHCP 服务管理器，并展开作用域 192.168.1.0，在【作用域选项】的右键菜单中选择【配置属性】命令，进入作用域选项配置界面。

（2）在作用域选项配置界面的【常规】选项卡中选中【003 路由器】复选框，并输入该局域网网关的 IP 地址：192.168.1.254，单击【添加】按钮完成网关的配置，最后单击【确定】按钮完成作用域选项的配置，如图 7-26 所示。

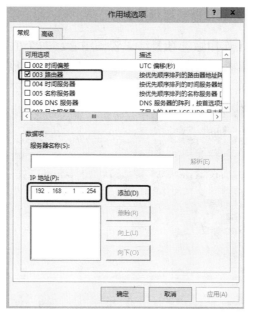

图7-26　作用域选项网关的配置界面

2．配置 DHCP 服务器的服务器选项

（1）打开 DHCP 服务管理器，在【服务器选项】的右键菜单中选择【配置属性】命令，进入服务器选项配置界面。

（2）在服务器选项配置界面的【常规】选项卡中选中【006 DNS 服务器】复选框，并输入该园区网的 DNS 地址：192.168.1.2，单击【添加】按钮，完成 DNS 的配置，最后单击【确定】按钮，完成服务器选项的配置，如图 7-27 所示。

图7-27　服务器选项DNS的配置界面

3. 查看【作用域选项】和【服务器选项】

完成配置后，可以在【作用域选项】结果视图中看到两个值，如图 7-28 所示。在该视图中可以看到🖳和🖳两个图标，🖳表示是本地作用域选项配置的结果，🖳表示是服务器选项配置的结果。

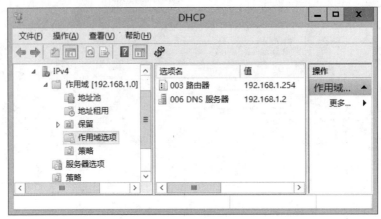

图7-28　作用域选项的结果视图

如果在本地作用域中也配置了 006 选项，则根据就近原则，将采用本地作用域的选项，其图标也将变更为🖳。

 任务验证

在客户机 1 的命令行上输入 ipconfig/renew 以便更新 IP 租约，并重新获取 DHCP 配置。成功后，可以通过 ipconfig/all 命令查看本地连接的网络配置，结果如图 7-29 所示。

```
C:\>ipconfig/all
......（省略部分显示信息）
以太网适配器 本地连接：
连接特定的 DNS 后缀 . . . . . . . . . :
描述 . . . . . . . . . . . . . . . . : Realtek PCIe GBE Family Controller
物理地址 . . . . . . . . . . . . . . : 84-8F-69-D0-9F-A4
DHCP 已启用 . . . . . . . . . . . . : 是
自动配置已启用 . . . . . . . . . . . : 是
本地链接 IPv6 地址 . . . . . . . . . : fe80::dc59:b8aa:c25a:1e01%19（首选）
IPv4 地址 . . . . . . . . . . . . . : 192.168.1.101（首选）
子网掩码 . . . . . . . . . . . . . . : 255.255.255.0
获得租约的时间 . . . . . . . . . . . : 2014 年 5 月 19 日 17:47:46
租约过期的时间 . . . . . . . . . . . : 2014 年 5 月 20 日 17:47:45
默认网关 . . . . . . . . . . . . . . : 192.168.1.254
DHCP 服务器 . . . . . . . . . . . . : 192.168.1.1
DHCPv6 IAID . . . . . . . . . . . . : 441248578
DHCPv6 客户端 DUID . . . . . . . . . : 00-01-00-01-17-68-4C-85-84-8F-69-D0-9F-A4
DNS 服务器 . . . . . . . . . . . . . : 192.168.1.2
......（省略部分显示信息）
```

图7-29　DHCP客户端执行ipconfig/all命令的结果

任务7-3　DHCP服务器的监视与管理

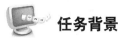 **任务背景**

公司 DHCP 服务器运行了一段时间后，员工反映通过该服务让接入网络变得简单、快捷。公司也认为该服务已经成为企业基础网络架构的重要服务之一，因此希望网络部门能对该服务做日常监视与管理，务必保障该服务的可用性。

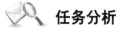 **任务分析**

提高 DHCP 服务器的可用性一般通过两种途径。

（1）在日常网络运维中对 DHCP 服务器进行监视，查看 DHCP 服务器是否正常工作。

（2）对 DHCP 服务器数据定期进行备份，一旦该服务器出现故障，尽快通过备份还原。

以上两个途径和下列操作任务相关。

1．DHCP 服务器的备份

网络在运行过程中往往会由于各种原因导致系统瘫痪和服务失败。借助备份 DHCP 数据库技术，就可以在系统恢复后迅速通过还原数据库的方法恢复提供网络服务，并减少重新配置 DHCP 服务的难度。

2．DHCP 服务器的还原

通过 DHCP 服务器的备份数据进行故障还原。

3．查看管理控制台的状态

DHCP 服务管理控制台提供了特定的图标来动态表示控制台对象的状态，通过图标类型可以直观反映 DHCP 服务器的工作状态，如表 7-2 所示。

表7-2　DHCP服务器的主要图标及描述

图标	描述
	表示控制台正试图连接到服务器
	表明DHCP失去了与服务器的连接
	已添加到控制台的DHCP服务器
	已连接并在控制台中处于活动状态的DHCP服务器
	DHCP服务器已连接，但当前用户没有该服务器的管理权限
	DHCP服务器警告。服务器作用域的可用地址已被租用了90%或更多，并且正在使用。这表明服务器可租用给客户端的地址已几乎被用完
	DHCP服务器警报。服务器作用域中已没有可用的地址，因为所有可分配使用的地址（100%）当前都已被租用。这表明网络中DHCP服务器出现故障，因为它无法为客户端提供租用或为客户端服务
	作用域或超级作用域是活动的
	作用域或超级作用域是非活动的

图标	描述
	作用域或超级作用域警告。作用域警告：作用域 90％ 或更多的IP地址正被使用。超级作用域警告：如果超级作用域中的任何作用域发出了警告，那么该超级作用域也将发出警告
	作用域或超级作用域警报。作用域警报：所有IP地址都已被DHCP服务器分配并且正在使用。客户端无法再从DHCP服务器获得IP地址，因为已没有可供分配的IP地址。超级作用域警报：该超级作用域中至少有一个作用域的所有IP地址已被DHCP服务器分配。任何客户端都无法从IP地址已被完全分配的作用域范围获得IP地址。如果超级作用域内的其他作用域含有可用地址，DHCP服务器可以从这些作用域分配地址

4．查看 DHCP 服务器的日志文件

通过配置 DHCP 服务器可以将 DHCP 服务器的服务活动写入到日志中，网络管理员可以通过查看系统日志查看 DHCP 服务器的工作状态，如果出现问题也能通过日志查看故障原因并快速解决。

任务操作

1．DHCP 服务器的备份

打开 DHCP 管理控制台，在 DHCP 服务器的右键菜单中选择【备份】命令，将弹出【浏览文件夹】对话框，在该对话框中选择 DHCP 服务器数据的备份文件的存放目标，如图 7-30 所示。

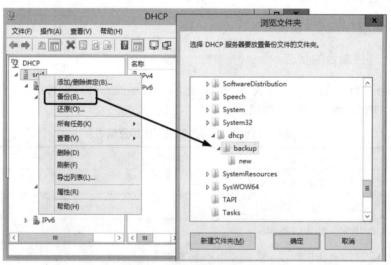

图7-30　DHCP服务器的备份

在 DHCP 服务器的备份目标位置设置上，系统默认选择 %systemroot%/system32/dhcp/backup 目录。但是如果服务器崩溃并且数据短时间内无法还原时，DHCP 服务器也就无法短时间内通过备份数据进行还原，因此建议更改备份位置为文件服务器的共享存储或在多台计算机上进行备份。

2．DHCP 服务器的还原

（1）为模拟 DHCP 服务器出现故障，可以将先前所做的所有配置都删除。

（2）打开 DHCP 管理控制台，在 DHCP 服务器的右键菜单中选择【还原】命令，将弹出【浏览文件夹】对话框，在该对话框中选择 DHCP 服务器数据的备份文件的存放位置，如图 7-31 所示。

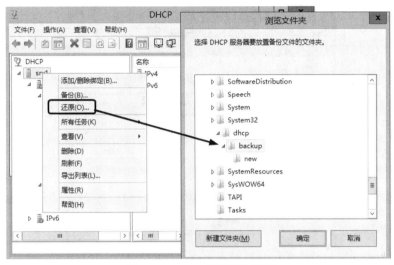

图7-31　DHCP服务器的还原

（3）选择好数据库的备份位置后，单击【确定】按钮，这时将出现【为了使改动生效，必须停止和重新启动服务器。要这样做吗？】的提示，单击【是】按钮，将开始数据库还原，并完成 DHCP 服务器的还原。

（4）还原后可以查看 DHCP 服务器的所有配置，可以发现 DHCP 服务器的配置都成功还原，但在查看【作用域】的【地址租用】时，原先所有客户端租用的租约都没了，如图 7-32 所示。此时客户机再次获取 IP 地址时，它所获取的 IP 地址将很有可能和原来的不一致，服务器将重新分配 IP 地址给客户机。

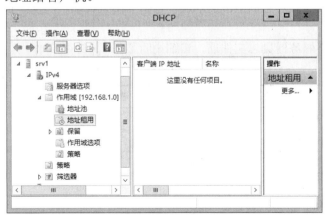

图7-32　查看DHCP作用域的地址租用结果

3．查看 DHCP 服务器的日志文件

日志文件默认存放在如【%systemroot%\system32\dhcp\DhcpSrvLog-*.log】所示的路径中。如果要更改，在 DHCP 服务控制台树中展开服务器节点，右击【IPv4】节点，在弹出的快捷菜单中选择【属性】命令，打开【IPv4 属性】对话框，然后选择【高级】选项卡，在【审核日志文件路径】文本框后单击【浏览】按钮进行存放位置修改，如图 7-33 所示。

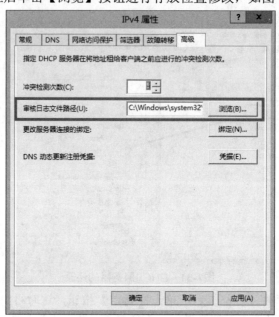

图7-33　DHCP日志文件设置界面

DHCP 服务器命名日志文件的方式是通过检查服务器上的当前日期和时间确定的。例如，DHCP 服务器启动时的当前日期和时间为：星期一，2014 年 5 月 19 日，04:56:00 P.M，则服务器日志文件命名为 DhcpSrvLog-Sun。要查看日志内容，请打开相应的日志文本文件。

DHCP 服务器日志是用英文逗号分隔的文本文件，每个日志项单独出现在一行文本中。日志文件项中的字段（以及它们出现的顺序）包括：ID、日期、时间、描述、IP 地址、主机名、MAC 地址。

表 7-3 为 DHCP 服务器日志文件项，详细说明了每一个字段的作用。

表7-3　DHCP服务器日志文件项

字段	描述
ID	DHCP 服务器事件 ID 代码
日期	DHCP 服务器上记录此项的日期
时间	DHCP 服务器上记录此项的时间
描述	关于这个 DHCP 服务器事件的说明
IP 地址	DHCP 客户端的 IP 地址
主机名	DHCP 客户端的主机名
MAC 地址	由客户端的网络适配器硬件使用的MAC地址

DHCP 服务器日志文件使用保留的事件 ID 代码，以提供有关服务器事件类型或所记录活动的信息。表 7-4 详细地描述了这些事件的 ID 代码。

表7-4 DHCP服务器日志：常见事件代码

事件ID	描述
00	该日志已启动
01	该日志已停用
02	由于磁盘空间太小而暂停使用日志
10	新的 IP 地址已租给客户端
11	由客户端续订租约
12	由客户端释放租约
13	在网络上发现 IP 地址已在使用
14	由于作用域的地址池已用尽，因此不能满足租约请求
15	租约已被拒绝
20	BOOTP 地址已租给客户端

如果要启用日志功能，可以在 DHCP 服务控制台树中展开服务器节点，右击【IPv4】节点，在弹出的快捷菜单中选择【属性】命令，打开【IPv4 属性】对话框，选择【常规】选项卡，选中【启用 DHCP 审核记录】复选框（默认为选中状态），如图 7-34 所示。

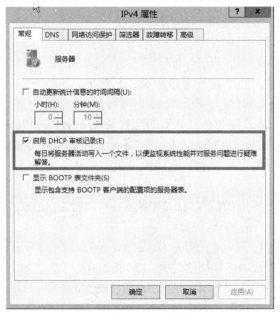

图7-34 启用DHCP审核记录

习题与上机

一、理论习题

1. DHCP 工作过程包括 _____ 、 _____ 、 _____ 、 _____ 4 种消息报文。

2. 如果 Windows DHCP 客户端无法获得 IP 地址，将自动从保留地址段 _____ 中选择一个作为自己的地址。

3. DHCP 选项包括 4 种类型： _____ 、 _____ 、 _____ 、 _____ 。

4. 请说出常用的 3 种 DHCP 选项： _____ 、 _____ 、 _____ 。

5. DHCP 服 务 器 和 DHCP 客 户 端 通 过 DHCP 协 议 交 互 时， 它 们 的 端 口 分 别 是 _____ 和 _____ 。

二、项目实训题

项目一：安装并配置一台 DHCP 服务器。

要求如下：

- 新建作用域名为test.com。
- IP 地址的范围为192.168.1.1～192.168.1.254，掩码长度为24 位。
- 排除地址范围为 192.168.1.10～192.168.1.50。
- 租约期限为8小时。
- 该 DHCP 服务器同时向客户机分配DNS 的IP 地址为192.168.1.2，父域名称为test.com，路由器（默认网关）的IP 地址为192.168.1.1。
- 将 IP 地址192.168.1.4保留，用于Web 服务器。

在 Windows 客户端测试 DHCP 服务器的运行情况：用 ipconfig 命令查看分配的 IP 地址及 DNS、默认网关是否正确；测试访问 Web 服务器是否成功获得保留地址。

项目二：DHCP 用户类别及 DHCP 选项优先级。

要求如下：

- 新建作用域名，IP 地址的范围为192.168.100.1～192.168.100.10，掩码长度为28位。
- 创建两个用户类别：aa和bb。
- 为用户类别aa设置选项：默认网关为192.168.100.5。
- 为用户类别bb设置选项：默认网关为192.168.100.6。
- 配置服务器选项：DNS服务器地址为202.96.128.68。
- 配置作用域选项：DNS服务器地址为202.96.128.143。

在 Windows 客户端进行测试：设置用户类别为 aa 的客户端能获得默认网关为192.168.100.5；设置用户类别为 bb 的客户端能获得默认网关为 192.168.100.6；无论是哪一个客户端，都是获得 IP 地址为 202.96.128.143 的 DNS 服务器地址。

三、综合项目实训题

项目内容：

- 根据所给网络拓扑图（见图7-35）配置好网络环境。
- 根据拓扑图，分析网络需求，配置各计算机，实现全网互连。
- 配置2号DHCP服务器，实现1号机通过自动获取IP能与4号机进行通信。
- 结果验证，每台机要求显示以下结果：

```
ipconfig / all
route print
```

项目要求：写出项目现象和项目结果，并对项目中出现的问题做出分析，提出解决办法。

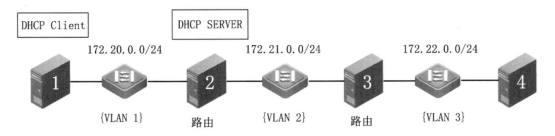

图7-35　网络拓扑图

项目 *8*

DHCP中继代理与访问控制列表的配置

项目描述

某公司有业务部、生产部和网络中心 3 个部门，各个部门组成一个局域网，通过一台路由器（Windows Server 2012）互连。在网络中心部署有 DHCP、DNS、Web 等应用服务器。公司希望利用现有设备达到以下 3 个目标。

（1）网络中心的客户机全部基于 DHCP 服务自动配置 TCP/IP 参数，公司希望能利用网络中心的 DHCP 服务器让全公司客户机自动获取 IP，实现全网计算机间相互通信。

（2）限制生产部访问 Internet。

（3）限制业务部访问 Web 服务器的公司财务网站（http://192.168.1.3/8080）。

公司网络拓扑如图 8-1 所示。

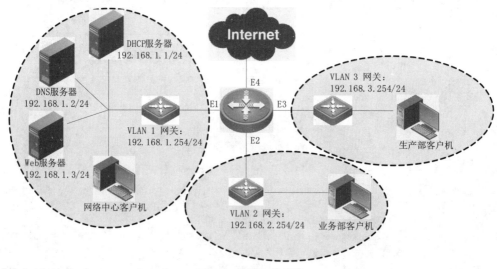

图8-1　公司网络拓扑

项目分析

通过搭建 DHCP 中继代理和建立多个 DHCP 作用域，能够使一台 DHCP 服务器为多个子网提供 IP 租用服务。通过 Windows Server 2012 路由和远程访问服务的访问控制列表功能，可以在网络层和传输层限制各子网间的通信。

相关知识

1. DHCP 中继代理服务

由于在大型园区网络中会存在多个物理网络，也就对应着多个逻辑网段（子网），那么园区内的计算机是如何实现 IP 地址租用的呢？

从 DHCP 的工作原理可以知道，DHCP 客户端实际上是通过发送广播消息与 DHCP 服务器通信的，DHCP 客户端获取 IP 地址的 4 个阶段都依赖于广播消息的双向传播。而广播消息是不能跨越子网的，难道 DHCP 服务器就只能为网卡直连的广播网络服务吗？如果 DHCP 客户机和 DHCP 服务器在不同的子网内，客户机还能不能向服务器申请 IP 地址呢？

DHCP 客户端是基于局域网广播方式寻找 DHCP 服务器以便租用 IP 地址，路由器具有隔离局域网广播的功能，因此在默认情况下，DHCP 服务只能为自己所在网段提供 IP 租用服务。如果要让一个多局域网的网络通过 DHCP 服务器实现 IP 地址自动分配，可以有两种办法。

方法 1：在每一个局域网都部署一台 DHCP 服务器。

方法 2：路由器可以和 DHCP 服务器通信。如果路由器可以代为转发客户机的 DHCP 请求包，那么网络中只需要部署一台 DHCP 服务器就可以为多个子网提供 IP 地址租用服务。

对于方法 1，企业将需要额外部署多台 DHCP 服务器；对于方法 2，企业将可以利用现有的基础架构实现相同的功能，显然方法 2 更为合适。

DHCP 中继代理实际上是一种软件技术，安装了 DHCP 中继代理的计算机称为 DHCP 中继代理服务器，它承担不同子网间的 DHCP 客户机和 DHCP 服务器的中间通信任务。中继代理负责在不同子网的客户端和服务器之间转发 DHCP/BOOTP 消息。简单而言，中继代理就是 DHCP 客户端与 DHCP 服务器通信的中介：中继代理接收到 DHCP 客户端的广播型请求消息后，将请求信息以单播的方式转发给 DHCP 服务器，同时，它也接收 DHCP 服务器的单播回应消息，并以广播的方式转发给 DHCP 客户端。

通过 DHCP 中继代理，使得 DHCP 服务器与 DHCP 客户端的通信可以突破直连网段的限制，达到跨子网通信的目的。除了装有 DHCP 中继代理服务的计算机外，大部分路由器都支持 DHCP 中继代理功能，可以实现代为转发 DHCP 请求包（方法 2），因此通过 DHCP 中继服务可以实现在公司内仅部署一台 DHCP 服务器就能为多个局域网提供 IP 地址租用服务。

2. 访问控制列表（Access Control List，ACL）

路由器不仅用于实现多个局域网的互连和 DHCP 中继，其在数据包的存储转发中还可以通过过滤特定的数据包实现网络安全访问控制、流量控制等功能。

对于数据包的过滤可以限制网络中通信数据的类型，限制网络的使用者或使用的设备。访问控制列表在数据流通过网络设备时对其进行分类过滤，并对从指定端口输入或者输出的数据流进行检查，根据匹配条件决定是允许通过还是丢弃。

访问控制列表由若干条表项组成，称之为接入控制列表，每一个接入控制列表都声明了满足该表项的匹配条件及行为。访问控制列表可以针对数据包的源地址、目标地址、传输层协议、端口号等条件设置匹配规则。

通过建立 ACL，主要用于保证网络资源不被非法访问，其次还可以用于限制网络流量，提高网络性能，对通信流量起到控制的作用，这些都是控制网络访问的基本手段。在路由器的端口上配置 ACL 后，可以对入站端口和出站端口的数据包进行安全检测。下面举两个实例进行说明。

案例 8-1：在如图 8-2 所示的网络拓扑中，工资管理系统服务器的数据是属于比较机密的，公司仅允许财务主管和人事主管的计算机可以访问它。

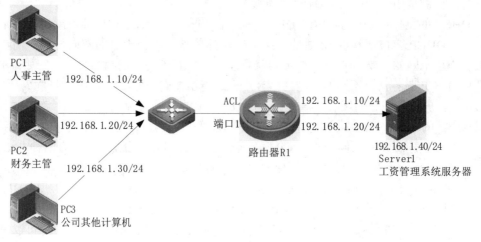

图8-2　案例1网络拓扑

可以创建一个如图 8-3 所示的针对路由器端口 1 的入站访问控制列表，这时路由器 R1 在端口 1 根据入站规则会对所有请求访问工资管理系统服务器的数据包进行匹配，PC1 和 PC2 满足匹配规则 1 和 2，根据筛选器操作规则（匹配行为）将被允许访问 Server1；PC3 因不满足匹配条件，根据筛选器操作规则将丢弃请求数据包（拒绝访问）。这里需要特别注意，在筛选规则中，因为源和目标都指向一台计算机，所以掩码均采用 255.255.255.255。

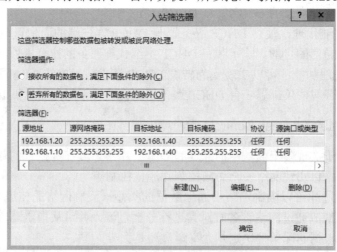

图8-3　路由器端口1的入站筛选规则

案例 8-1 是将一个 ACL 应用到入站方向的例子，筛选器规则为"丢弃所有的数据包，满足下面条件的除外"。当设备端口收到数据包时，首先确定 ACL 是否被应用到了该端口，如果没有，则正常路由该数据包。如果有，则处理 ACL，从第一条语句开始，将条件和数据包内容相比较，如果没有匹配，则处理列表中的下一条语句；如果匹配，则接收该数据包；如果整个列表都没有找到匹配的规则，则丢弃该数据包。该流程图如图 8-4 所示。

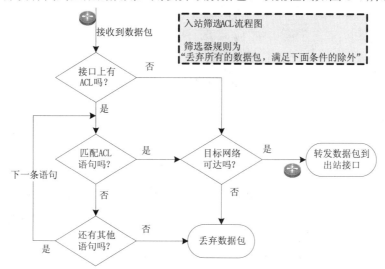

图8-4 入站筛选ACL（默认拒绝）流程图

根据案例 8-1，可以得到入站筛选规则为"接收所有的数据包，满足下面条件的除外"的流程图，如图 8-5 所示。

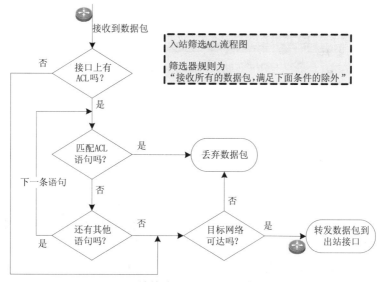

图8-5 入站筛选ACL（默认允许）流程图

案例 8-2：在如图 8-6 所示的网络拓扑中，公司在服务器 1 提供 FTP 服务和 Web 服务，其中 Web 服务用于提供公司客户关系管理系统（Web 服务使用默认端口发布）。

基于安全考虑，对于 Web 服务，公司不允许生产部计算机访问该客户关系系统，其他部门则不受限制；对于 FTP 服务，所有部门都可以访问。

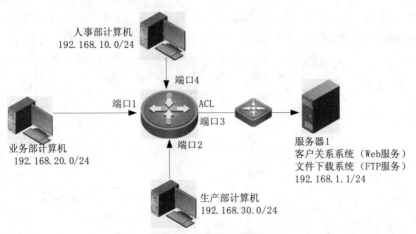

图8-6 案例2网络拓扑

这时候我们可以创建一个如图 8-7 所示的针对路由器端口 3 的出站访问控制列表，这时路由器 R1 在端口 3 根据出站规则，会对所有请求访问服务器 1 的数据包进行匹配。

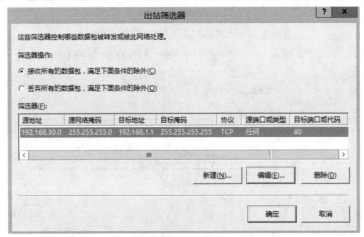

图8-7 路由器端口3的出站筛选规则

生产部访问服务器 1 的 Web 服务时，因满足匹配规则，根据筛选器操作规则将丢弃请求数据包（拒绝访问），而访问 FTP 服务时，因不满足匹配规则，根据筛选器操作规则将被允许访问；业务部和人事部访问服务器 1 时，因不满足匹配规则，根据筛选器操作规则将被允许访问服务器 1。

在该例中也可以运用入站筛选，读者可以思考一下如何设计入站筛选 ACL。

案例 8-2 是将一个 ACL 应用到出站方向的例子，筛选器规则为"丢弃所有的数据包，满足下面条件的除外"，过程也相似，其流程图如图 8-8 所示。

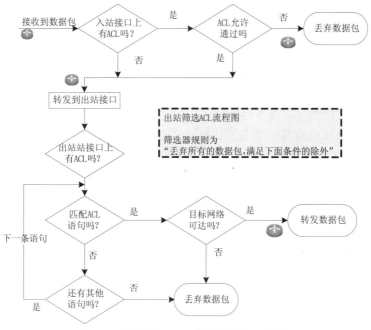

图8-8　出站筛选ACL（默认拒绝）流程图

同理，如图8-9所示为筛选器规则为"接收所有的数据包，满足下面条件的除外"的流程图。

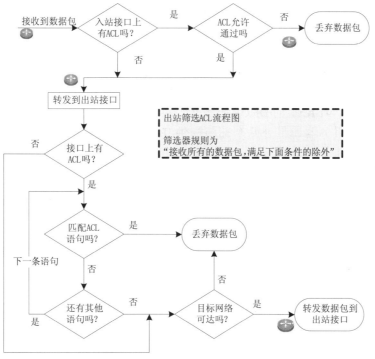

图8-9　出站筛选ACL（默认允许）流程图

通过案例8-1和案例8-2可以了解到，Windows Server 2012 的访问控制列表是通过应用在物理接口上的入站筛选器和出站筛选器来实现的。无论是哪种筛选器，对于每个访问控制列表，都可以建立多个访问控制条目，这些条目定义了匹配数据包所需要的条件。这些条件可以是协议号、IP 源地址、IP 目的地址、源端口号、目的端口号或者是它们的组合。当数据包通过路由器接口的时候，筛选器从上至下扫描访问控制条目，只要数据包的特征条件符合访问控制条目中定义的条件，则匹配成功并应用相应操作（拒绝或允许数据包通过）。应用操作后，筛选器不再对数据包进行匹配操作，也就是说，当前的访问控制条目已经和数据包匹配，剩下的访问控制条目将不再处理。

综上所述，包过滤功能用于实现控制局域网的访问，因此本项目中目标 2 和目标 3 可以通过在路由器部署 ACL 来实现。

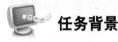
任务8-1　实现DHCP中继服务的部署

 任务背景

某公司有业务部、生产部和网络中心 3 个部门，各个部门组成一个局域网，通过一台路由器（Windows Server 2012）互连，在网络中心部署有 DHCP、DNS、Web 等应用服务器。

网络中心的客户机全部基于 DHCP 服务自动配置 TCP/IP 参数，公司希望能利用网络中心的 DHCP 服务器让全公司客户机自动获取 IP，实现全网计算机间相互通信。VLAN2 的 IP 地址分配范围为 192.168.2.10 ～ 192.168.2.200，VLAN3 的 IP 地址分配范围为 192.168.3.10 ～ 192.168.3.200。公司网络拓扑如图 8-1 所示。

 任务分析

公司在网络中心已经建有 DHCP 服务器，该 DHCP 服务器目前仅为 VLAN1 提供 IP 地址租用服务。因此解决 VLAN2 和 VLAN3 地址租用可以通过在这两个局域网中建立 DHCP 服务器，也可以利用 VLAN1 的 DHCP 服务器。

要实现 DHCP 服务器为另外两个部门提供 IP 地址租用服务，首先需要为这两个部门（VLAN2 和 VLAN3）创建作用域。由于 DHCP 服务器默认只能为本地局域网提供 IP 地址租用服务，根据本章前序知识可知，还需要配置和部门直接相连的路由器转发 DHCP 客户端的 DHCP 请求包（DHCP 中继）。因此要实现本任务需要完成以下两个步骤。

（1）为 VLAN2 和 VLAN3 创建作用域。

（2）在路由器中启用 DHCP 中继代理服务。

任务操作

1．为 VLAN2 和 VLAN3 创建作用域

（1）创建 VLAN2 作用域（业务部）

在 DHCP 服务控制台新建【作用域】，作用域的名称命名为【VLAN2】，IP 地址范围是 192.168.2.10/24 ～ 192.168.2.200/24，作用域选项应配置默认网关 192.168.2.254，DNS 地址为 192.168.1.2。详细配置过程略（参考项目 5），配置结果如图 8-10 和图 8-11 所示。

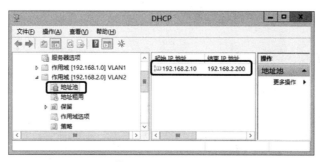

图8-10　作用域VLAN2的地址池配置

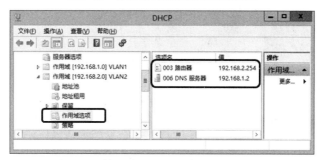

图8-11　作用域VLAN2的作用域选项配置

（2）创建 VLAN3 作用域（生产部）

在 DHCP 服务控制台新建【作用域】，作用域的名称命名为【VLAN3】，IP 地址范围是 192.168.3.10/24 ～ 192.168.3.200/24，作用域选项应配置默认网关 192.168.3.254，DNS 地址为 192.168.1.2。配置结果如图 8-12 和图 8-13 所示。

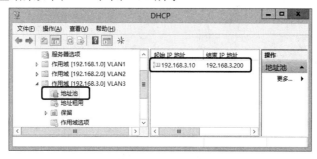

图8-12　作用域VLAN3的地址池配置

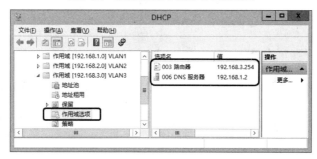

图8-13　作用域VLAN3的作用域选项配置

2．在路由器启用 DHCP 中继代理服务

（1）路由器和远程访问的路由功能配置

① 修改路由器的本地连接名称为 VLAN1、VLAN2、VLAN3 和 Internet，分别对应网络拓扑图 8-1 所示路由器的 E1、E2、E3 和 E4 接口，网络连接界面如图 8-14 所示。

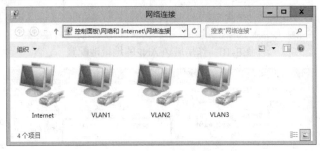

图8-14　网络连接界面

② 为 VLAN1、VLAN2 和 VLAN3 网卡配置静态 IP 地址。

连接子网 VLAN1 的网卡配置：IP 为 192.168.1.254，子网掩码为 255.255.255.0。

连接子网 VLAN2 的网卡配置：IP 为 192.168.2.254，子网掩码为 255.255.255.0。

连接子网 VLAN3 的网卡配置：IP 为 192.168.3.254，子网掩码为 255.255.255.0。

详细配置过程略，配置结果如图 8-15 所示。

```
C:\>ipconfig
…（省略部分显示信息）

以太网适配器 VLAN3：
…（省略部分显示信息）
IPv4 地址 . . . . . . . . . . . . : 192.168.3.254
子网掩码 . . . . . . . . . . . . : 255.255.255.0
默认网关. . . . . . . . . . . . . :

以太网适配器 VLAN2：
…（省略部分显示信息）

IPv4 地址 . . . . . . . . . . . . : 192.168.2.254
子网掩码 . . . . . . . . . . . . : 255.255.255.0
默认网关. . . . . . . . . . . . . :

以太网适配器 VLAN1：
…（省略部分显示信息）
IPv4 地址 . . . . . . . . . . . . : 192.168.1.254
子网掩码 . . . . . . . . . . . . : 255.255.255.0
默认网关. . . . . . . . . . . . . :
…（省略部分显示信息）
```

图8-15　ipconfig命令执行结果

③ 在路由器上安装路由和远程访问服务,配置并启用 LAN 路由功能。详细安装过程略(参考项目 3),配置结果如图 8-16 所示。

图8-16　路由和远程访问【IPv4】的结果视图

(2)路由器 DHCP 中继代理服务的安装与配置

① 打开【路由和远程访问】服务管理控制台,展开【IPv4】节点,在【常规】节点的右键菜单中选择【新增路由协议】命令,打开【新路由协议】对话框,如图 8-17 所示。

图8-17　新增路由协议

② 在【新路由协议】对话框中选择【DHCP Relay Agent】,然后单击【确定】按钮,在【IPv4】节点下会增加名为【DHCP 中继代理】的子节点,如图 8-18 所示。

图8-18　路由和远程访问的【DHCP中继代理】视图

③ 在【DHCP 中继代理】的右键菜单中选择【新增接口】命令，在弹出的【DHCP Relay Agent 的新接口】对话框中选择添加【VLAN2】接口，如图 8-19 所示。

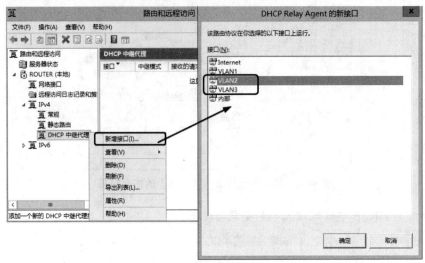

图8-19　新增DHCP中继代理接口

在【DHCP Relay Agent 的新接口】对话框的【接口】列表中仅需要添加路由器转发 DHCP 请求包的网络对应接口。由于业务部和生产部都需要通过 DHCP 中继实现从网络中心的 DHCP 服务器获取 IP 地址，因此需要将 VLAN2（E2）和 VLAN3（E3）接口添加到 DHCP 中继代理接口。

④ 在添加接口时会弹出【DHCP 中继属性 -VLAN2 属性】对话框，采用默认设置，然后单击【确定】按钮完成添加，如图 8-20 所示。以同样操作添加【VLAN3】接口。

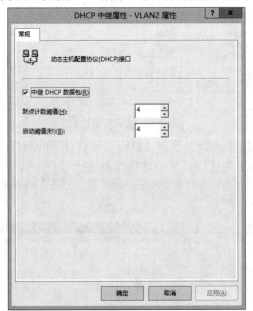

图8-20　【DHCP中继属性-VLAN2属性】对话框

针对本对话框中的 3 个选项做如下说明。

- 中继DHCP数据包：如果被选择，则在此接口上实施DHCP中继代理功能。
- 跃点计数阈值：DHCP中继代理到DHCP服务器可经过的路由器的数量。默认值是4，最大值是16。
- 启动阈值（秒）：用于指定DHCP中继代理将DHCP客户端发出的DHCP消息转发到远程的DHCP服务器之前，等待本地DHCP服务器响应的时间（单位为秒）。DHCP中继代理在收到DHCP客户端发出的DHCP消息后，将会尝试等待本子网的DHCP服务器对DHCP客户端做出响应（因为DHCP中继代理不知道本子网中是否存在DHCP服务器）。如果在启动阈值所配置的时间内没有收到DHCP服务器对DHCP客户端的响应消息，中继代理才会将DHCP消息转发给远程的DHCP服务器。默认值是4秒。建议不要将"启动阈值"的值设置过大，否则DHCP客户端会等待很久才能获得IP地址。

⑤ 添加完DHCP中继代理工作接口后，就需要指定DHCP中继代理的目标DHCP服务器。单击【DHCP中继代理】，在右键菜单中选择【属性】命令，在弹出的【DHCP中继代理 属性】对话框中输入DHCP服务器地址192.168.1.1，单击【添加】按钮，最后单击【确定】按钮完成DHCP服务器的指定，如图8-21所示。

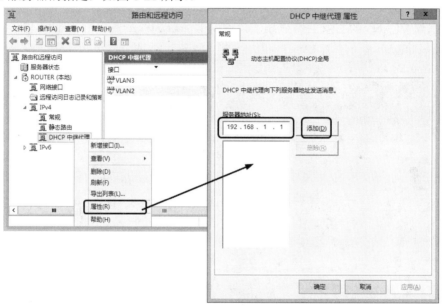

图8-21　DHCP中继代理属性——添加DHCP服务器IP地址

如果园区内部署有多台DHCP服务器，在DHCP中继代理中也应添加多台DHCP服务器的IP地址。在园区内部署多台DHCP群集服务器可以实现DHCP服务的可靠性，如果一台服务器失效，客户端仍然可以通过其他DHCP服务器获得IP地址。

 任务验证

1. DHCP客户端的配置与验证

在业务部VLAN2的DHCP客户端上，将网卡配置为自动获取IP地址，然后在命令行界面输入ipconfig/all命令查看IP地址租用结果，如图8-22所示。

```
C:\>ipconfig/all
......（省略部分显示信息）
以太网适配器 本地连接：
连接特定的 DNS 后缀 . . . . . . .    :
描述 . . . . . . . . . . . . . .    : Realtek PCIe GBE Family Controller
物理地址 . . . . . . . . . . . .    : 00-8F-69-D0-9E-A4
DHCP 已启用 . . . . . . . . . .    : 是
自动配置已启用 . . . . . . . .    : 是
IPv4 地址 . . . . . . . . . . .    : 192.168.2.10（首选）
子网掩码 . . . . . . . . . . .    : 255.255.255.0
获得租约的时间 . . . . . . . .    : 2014 年 5 月 19 日 17:47:46
租约过期的时间 . . . . . . . .    : 2014 年 5 月 20 日 17:47:45
默认网关 . . . . . . . . . . .    : 192.168.2.254
DHCP 服务器 . . . . . . . . . .    : 192.168.1.1
DNS 服务器 . . . . . . . . . .    : 192.168.1.2
......（省略部分显示信息）
```

图8-22　DHCP业务部客户端ipconfig/all命令执行结果

在生产部 VLAN3 的 DHCP 客户端上，将网卡配置为自动获取 IP 地址，然后在命令行界面输入 ipconfig/all 命令查看 IP 地址租用结果，如图 8-23 所示。

```
C:\>ipconfig/all
......（省略部分显示信息）
以太网适配器 本地连接：
连接特定的 DNS 后缀 . . . . . . .    :
描述 . . . . . . . . . . . . . .    : Realtek PCIe GBE Family Controller
物理地址 . . . . . . . . . . . .    : 00-8F-39-D0-8R-14
DHCP 已启用 . . . . . . . . . .    : 是
自动配置已启用 . . . . . . . .    : 是
IPv4 地址 . . . . . . . . . . .    : 192.168.3.10（首选）
子网掩码 . . . . . . . . . . .    : 255.255.255.0
获得租约的时间 . . . . . . . .    : 2014 年 5 月 19 日 18:43:36
租约过期的时间 . . . . . . . .    : 2014 年 5 月 20 日 18:43:35
默认网关 . . . . . . . . . . .    : 192.168.3.254
DHCP 服务器 . . . . . . . . . .    : 192.168.1.1
DNS 服务器 . . . . . . . . . .    : 192.168.1.2
......（省略部分显示信息）
```

图8-23　DHCP生产部客户端ipconfig/all命令执行结果

通过图 8-22 和图 8-23 可以看出，业务部和生产部的客户端都正确获得了 IP 地址、子网掩码、DNS、网关等配置信息。

2．在 DHCP 服务端查看 DHCP 租用结果

（1）在路由器上查看 DHCP 中继结果

客户端配置为 DHCP 客户端，在自动获取 IP 地址的通信过程中，DHCP 中继服务器（路由和远程访问服务）可以看到该子网接收的请求、接收的回复等信息，结果如图 8-24 所示。

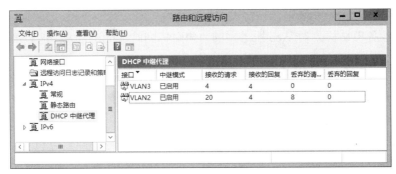

图8-24 DHCP中继视图

从图8-24中可以看到VLAN2和VLAN3的中继模式都已经启用，其中VLAN2接收到20个DHCP客户端请求，并接收到4个DHCP服务器的回复，丢弃了8个DHCP客户端请求包。丢弃的请求是因为我们先配置DHCP中继接口，然后才配置DHCP中继服务器的IP地址，在这两个配置的时间段内来自客户端的DHCP请求都会被路由器接收并统计，由于DHCP服务器的IP地址未配置，所以所有的请求都将被丢弃。而正确配置好DHCP中继服务器IP地址后，路由器开始转发客户端的请求包，然后将DHCP服务器的回复转发给客户端，完成DHCP租用。

（2）在DHCP服务器上查看IP地址租用结果

展开【DHCP】服务管理器的【作用域（192.168.2.0）】，单击【地址租用】项，可以查看客户端IP地址的租约，如图8-25所示。

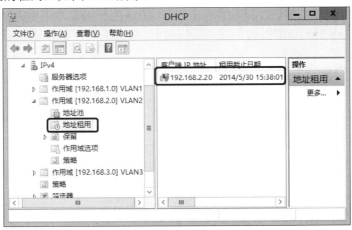

图8-25 DHCP服务器地址租用结果

任务8-2 访问控制列表的配置

 任务背景

某公司有业务部、生产部和网络中心3个部门，各个部门组成一个局域网，通过一台路由器（Windows Server 2012）互连。公司领导要求网络中心人员完成如下两个任务。

（1）限制生产部访问 Internet。

（2）限制业务部访问公司 Web 服务器的公司财务网站（http://192.168.1.3:8080）。

任务分析

通过 Windows Server 2012 路由和远程访问服务的访问控制列表功能，可以在网络层和传输层限制各子网间的通信。

（1）如果要限制生产部访问 Internet，根据就近原则，可以在与生产部直接相连的路由接口 E3 上设置仅允许生产部 VLAN3 与 VLAN1 和 VLAN2 的通信，拒绝其他所有通信。由于访问的双方都是在第三层，因此这里采用基于网络层的访问控制。

（2）如果要限制业务部访问 Web 服务器，同样根据就近原则，可以在与业务部直接相连的路由接口 E2 上设置拒绝业务部 VLAN2 与 Web 服务器的公司财务网站的通信。由于被限制的访问对象是网站（TCP 协议、8080 端口），因此这里采用基于传输层的访问控制。

任务操作

1．限制生产部访问 Internet

（1）在【服务器管理器】主窗口中，单击【工具】按钮，再单击【路由和远程访问】，打开【路由和远程访问】主窗口，展开【IPv4】，再展开【常规】，找到【VLAN3】，右键选择【属性】命令，再单击【入站筛选器】按钮，如图 8-26 所示。

（2）在弹出的【入站筛选器】对话框中单击【新建】按钮，在弹出的【添加 IP 筛选器】对话框中取消选中【源网络】复选框，而在【目标网络】中配置【IP 地址】为 192.168.1.0，【子网掩码】为 255.255.255.0，【协议】选择【任何】，单击【确定】按钮完成添加，如图 8-27 所示。

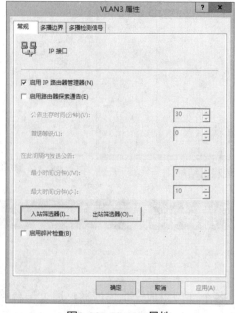

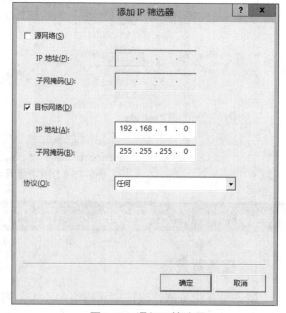

图8-26　VLAN3属性　　　　图8-27　添加IP筛选器

（3）用同样的方法，添加目标为 192.168.2.0 网段的 IP 筛选器，如图 8-28 所示。

（4）在【入站筛选器】对话框中选择【丢弃所有的数据包，满足下面条件的除外】规则，完成限制生产部（192.168.3.0）访问 Internet，如图 8-29 所示。

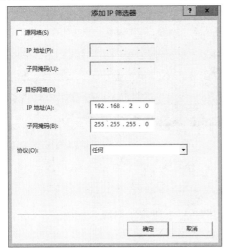

图8-28 添加192.168.2.0网段的IP筛选器

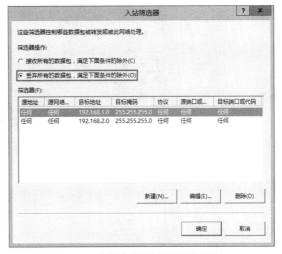

图8-29 选择入站筛选器操作规则

2. 限制业务部访问公司 Web 服务器的公司财务网站（http://192.168.1.3:8080）

（1）在【服务器管理器】主窗口中，单击【工具】按钮，再单击【路由和远程访问】，打开【路由和远程访问】主窗口，展开【IPv4】，再展开【常规】，找到【VLAN2】，右键选择【属性】命令，再单击【入站筛选器】，如图 8-30 所示。

（2）在弹出的【入站筛选器】对话框中单击【新建】按钮，在弹出的【添加 IP 筛选器】对话框中取消选中【源网络】复选框，而在【目标网络】中配置【IP 地址】为 192.168.1.3，【子网掩码】为 255.255.255.255，【协议】选择【TCP】，【目标端口】输入 8080，单击【确定】按钮完成添加，如图 8-31 所示。

图8-30 VLAN2属性

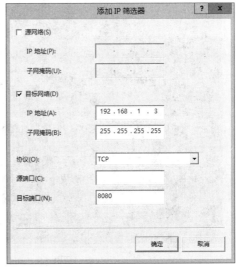

图8-31 添加IP筛选器

（3）在【入站筛选器】对话框中选择【接收所有的数据包，满足下面条件的除外】规则，完成限制业务部（192.168.2.0）访问公司 Web 服务器的公司财务网站（http://192.168.1.3:8080），如图 8-32 所示。

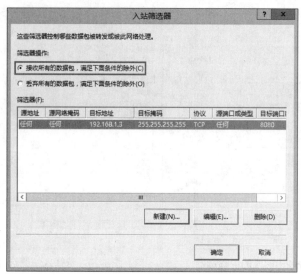

图8-32　选择入站筛选器操作规则

 任务验证

（1）验证生产部用户无法访问 Internet。一开始可能 ping 通 192.168.2.254 和 8.8.8.8，如图 8-33 所示。建立 ACL 之后，就不能 Ping 通外网的 8.8.8.8 了，如图 8-34 所示。

图8-33　可以Ping通外网

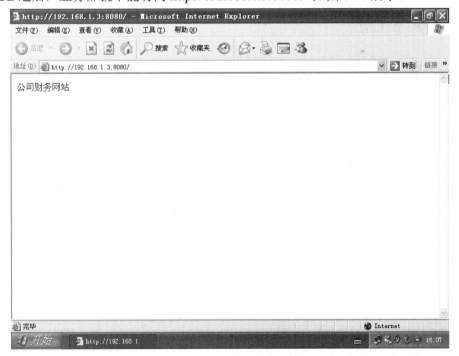

图8-34　无法Ping通外网

（2）验证限制业务部（192.168.2.0）不能访问公司 Web 服务器的公司财务网站（http://192.168.1.3:8080）。一开始业务部可以访问 http://192.168.1.3:8080，如图 8-35 所示。建立 ACL 之后，业务部就不能访问 http://192.168.1.3:8080，如图 8-36 所示。

图8-35　可以访问财务网站

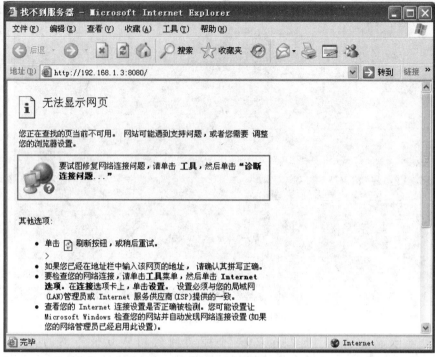

图8-36　无法访问财务网站

习题与上机

一、理论习题

1. 请列举出 4 个可以实现 DHCP 中继代理服务的操作系统或硬件设备：_____、_____、_____、_____。

2. Windows Server 2012 的访问控制列表有 _____ 和 _____ 两种形式。

3. 请说出确定 DHCP 服务器数量需要考虑的 3 个因素：_____、_____ 和 _____。

4. 中继代理服务器在收到 DHCP 客户端的 DHCP Discover 消息报文后，会在报文的 _____ 字段填入自己网卡的 IP 地址，然后将消息报文重新封装，以 ____ 播的形式发送给 DHCP 服务器。

5. 如果要应用访问控制列表禁止 DHCP 客户端从 DHCP 服务器获得 IP 地址，则应该禁用端口号为 _____ 的目的端口。

二、项目实训题

项目一：DHCP 中继代理应用。

请按如图 8-37 所示的网络应用环境配置 3 台机器，使得 DHCP 客户端能够从 DHCP 服务器上获得 IP 地址。

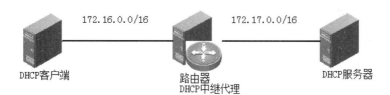

图8-37   项目一网络拓扑

项目二：超级作用域应用。

请按如图 8-38 所示的网络应用环境，自行设计网段等信息，使得客户端 A、B 和 C 能够从 DHCP 服务器自动获得不同网段的 IP 地址和默认网关信息。

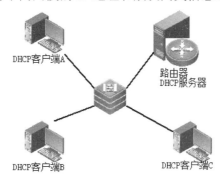

图8-38   项目二网络拓扑

项目三：访问控制列表应用。

请按如图 8-39 所示的网络应用环境配置好 4 台机器。其中，在路由器上做访问控制列表，使得客户端 A 不能访问 Web 服务器上除了 Web 服务以外的其他服务；使得 Web 服务器不能访问 DNS 服务器的任何资源，但是可以 ping 通它。

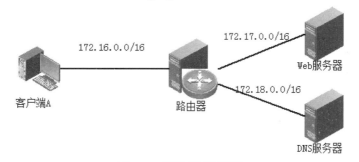

图8-39   项目三网络拓扑

三、综合项目实训题

项目内容：

- 根据如图8-40所示的网络拓扑结构配置网络项目环境。
- 给各计算机配置IP地址，其中2号机网卡桥接。
- 配置路由和远程访问，使得计算机能相互通信。
- 配置DNS服务器和DHCP服务器。
- 实现1、4号机都能通过2号机动态分配IP。

- 通过配置访问控制列表，实现4号机无法Ping通1、2号机。

项目要求：写出项目现象和项目结果，并对项目中出现的问题做出分析，提出解决办法。

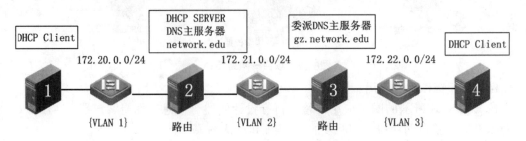

图8-40　网络拓扑结构

FTP服务的管理

项目描述

某公司拥有业务部、行政部和生产部 3 个部门，公司要求建立文档中心供各部门使用，以提高办公效率。公司网络拓扑如图 9-1 所示。

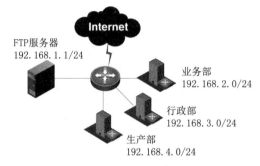

图9-1　公司网络拓扑

项目分析

通过部署文件共享服务，可以让局域网内的计算机访问共享目录内的文档，但是不同局域网内的用户无法访问该共享目录。FTP 服务同文件共享类似，用于提供文件共享访问服务，但是它提供服务的网络不在局域网而是在广域网内。因此，可以在公司的一台服务器上建立 FTP 站点，并在 FTP 站点上部署共享目录就可以实现公司文档的共享，员工便可以访问该站点的文档了。

本项目通过在一台 Windows Server 2012 服务器上添加 FTP 服务，并配置 FTP 站点，实现各部门对该站点（文档中心）的快速访问，从而提高公司办公效率。

相关知识

FTP（File Transfer Protocol，文件传送协议）定义了一个在远程计算机系统和本地计算机系统之间传输文件的标准，运行应用层，并利用传输控制协议（TCP）在不同的主机之间提供可靠的数据传输。由于 TCP 是一种面向连接的、可靠的传输协议，因此 FTP 可提供可靠的文件传输。FTP 在文件传输中还具有一个重要的特点，就是支持断点续传功能，其可以大幅度地减小 CPU 和网络带宽的开销。在 Internet 诞生初期，FTP 就已经被应用在文件传输服务上，而且一直是文件传输服务的主角，在 Windows、Linux、UNIX 等各种常用的网络操作系统中都提供 FTP 服务。

1．FTP 的工作过程

与大多数的 Internet 服务一样，FTP 协议也是一个客户端 / 服务器系统。用户通过一个支持 FTP 协议的客户机程序，连接到远程主机上的 FTP 服务器程序。用户通过客户端程序向服务器程序发出命令，服务器程序执行用户所发出的命令，并将执行结果返回给客户机。

一个 FTP 会话通常包括 5 个软件元素的交互。表 9-1 列出了这 5 个软件元素，图 9-2 描述了 FTP 协议的工作模型。

表9-1　FTP会话的5个软件元素

软件元素	说明
用户接口（UI）	提供了一个用户接口并使用客户端协议解释服务器的服务
客户端协议解释器（CPI）	向远程服务器协议机发送命令并且驱动客户数据传输过程
服务端协议解释器（SPI）	响应客户协议机发出的命令并驱动服务器端数据传输过程
客户端数据传输协议（CDTP）	负责完成和服务器数据传输过程及客户端本地文件系统的通信
服务端数据传输协议（SDTP）	负责完成和客户数据传输过程及服务器端文件系统的通信

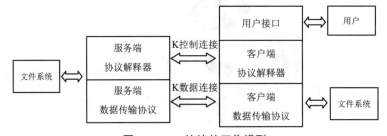

图9-2　FTP协议的工作模型

大多数 TCP 应用协议使用单个连接，一般是客户向服务器的一个固定端口发起连接，然后使用这个连接进行通信。但是 FTP 协议有所不同，它在运作时要使用两个 TCP 连接。

在 TCP 会话中存在两个独立的 TCP 连接，一个是由 CPI 和 SPI 使用的，被称作控制连接；另一个是由 CDTP 和 SDTP 使用的，被称作数据连接。FTP 独特的双端口连接结构的优点在于，两个连接可以选择不同的合适的服务质量。例如，为控制连接提供更小的延迟时间，为数据连接提供更大的数据吞吐量。

控制连接是在执行 FTP 命令时由客户端发起请求同 FTP 服务器建立连接。控制连接并不传输数据，只用来传输控制数据传输的 FTP 命令集及其响应。因此，控制连接只需要很小的网络带宽。

通常情况下，FTP 服务器监听端口 21 以等待控制连接建立请求。一旦客户机和服务器建立连接，控制连接将始终保持连接状态，而数据连接端口 20 仅在传输数据时开启。在客户端请求获取 FTP 文件目录、上传文件和下载文件时，客户机和服务器将建立一条数据连接。这里的数据连接是全双工的，允许同时进行双向的数据传输，并且客户端的端口号是随机产生的，多次建立的连接客户的端口号是不同的，一旦传输结束，就立即释放这条数据连接。FTP 客户端和服务器请求连接、建立连接、数据传输、数据传输完成、断开连接的过程如图 9-3 所示，其中客户端端口 1088 和 1089 是在客户端随机产生的。

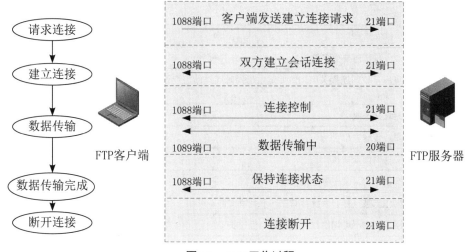

图9-3 FTP工作过程

2.FTP 的典型消息

当 FTP 客户程序与 FTP 服务器进行通信时，经常会看到一些由 FTP 服务器发送的消息，这些消息是 FTP 协议所定义的。表 9-2 列出了一些典型的 FTP 消息。

表9-2 FTP协议中定义的典型消息

消息号	含　义
120	服务在多少分钟内准备好
125	数据连接已经打开，开始传送
150	文件状态正确，正在打开数据连接
200	命令执行正确
202	命令未被执行，该站点不支持此命令
211	系统状态或系统帮助信息回应
212	目录状态
213	文件状态
214	帮助消息。关于如何使用本服务器或特殊的非标准命令
220	对新连接用户的服务已准备就绪
221	控制连接关闭
225	数据连接打开，无数据传输正在进行
226	正在关闭数据连接。请求的文件操作成功（例如，文件传送或终止）
227	进入被动模式
230	用户已登录。如果不需要可以退出
250	请求的文件操作完成
331	用户名正确，需要输入密码
332	需要登录的账户

续表

消息号	含　义
350	请求的文件操作需要更多的信息
421	服务不可用，控制连接关闭。例如是由于同时连接的用户过多（已达到同时连接的用户数量限制）或连接超时
425	打开数据连接失败
426	连接关闭，传送中止
450	请求的文件操作未被执行
451	请求的操作中止。发生本地错误
452	请求的操作未被执行。系统存储空间不足或文件不可用
500	语法错误，命令不可识别。可能为命令行过长
501	因参数错误导致的语法错误
502	命令未被执行
503	命令顺序错误
504	由于参数错误，命令未被执行
530	账户或密码错误，未能登录
532	存储文件需要账户信息
550	请求的操作未被执行，文件不可用（例如文件未找到或无访问权限）
551	请求的操作被中止，页面类型未知
552	请求的文件操作被中止。超出当前目录的存储分配
553	请求的操作未被执行。文件名不合法

3．常用 FTP 服务器和客户端程序

目前市面上有众多的 FTP 服务器和客户端程序，表 9-3 列出了基于 Windows 和 Linux 平台的常用 FTP 服务器和客户端程序。

表9-3　基于Windows和Linux平台的常用FTP服务器和客户端程序

程序	基于Windows平台	基于Linux平台
	名称	名称
FTP服务器程序	IIS	Vsftpd
	Serv-U	proftpd
	Titan FTP Server	pureftpd
FTP客户端程序	命令行工具ftp	命令工具ftp和lftp
	图形化工具CuteFTP、FlashFTP、LeapFTP	图形化工具gFTP
	Web浏览器	Web浏览器Mozilla

任务9-1　FTP服务器的安装及配置

 任务背景

在一台 Windows Server 2012 服务器上创建目录【文档中心】，并在该目录上创建 3 个子目录：【业务部文档】、【行政部文档】和【市场部文档】，如图 9-4 所示。

配置 FTP 服务器，允许公司员工对文档中心具有完全上传和下载文档权限。

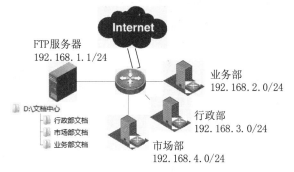

图9-4　公司网络拓扑

 任务分析

（1）通过在 Windows Server 2012 服务器的本地磁盘中创建任务需求的目录结构，完成公司【文档中心】目录的建立。

（2）安装【FTP 服务角色和功能】，并配置 FTP 站点的发布目录为【文档中心】目录，完成 FTP 站点的发布。

（3）配置 FTP 站点的权限，允许公司员工上传和下载。

 任务操作

1.【文档中心】目录的建立

FTP 服务器在 D 盘拥有大量磁盘空间的情况下，可以在 D 盘创建【文档中心】目录，并在【文档中心】目录中创建【业务部文档】、【行政部文档】和【市场部文档】3 个子目录，完成结果如图 9-5 所示。

图9-5　创建目录

2.【FTP 服务器】角色的安装

（1）单击【服务器管理器】主窗口的【添加角色和功能】快捷方式，在【安装类型】对话框中选择【基于角色或基于功能的安装】，单击【下一步】按钮。

（2）在【服务器选择】选项卡中选择服务器本身，单击【下一步】按钮。

（3）在【服务器角色】选项卡中，选择【Web 服务器 (IIS)】服务（FTP 服务是【Web 服务器 (IIS)】服务的服务之一），如图 9-6 所示，再单击【下一步】按钮。

图9-6　角色选择

（4）在【功能】选项卡中，直接单击【下一步】按钮。

（5）在【Web 服务器角色 (IIS)】选项卡中，直接单击【下一步】按钮。

（6）在【角色服务】选项卡中，选择【FTP 服务】和【FTP 扩展】两个服务，如图 9-7 所示，再单击【下一步】按钮。

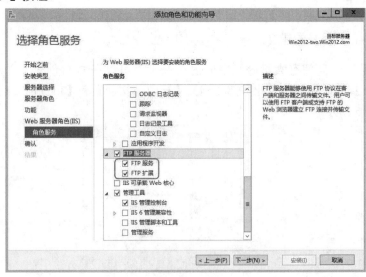

图9-7　角色服务

（7）在【确认】选项卡中单击【安装】按钮，安装完成后单击【关闭】按钮，完成安装。

3．添加 FTP 站点的安装

（1）在【服务器管理器】主窗口中，单击【工具】→【Internet 信息服务 (IIS) 管理器】命令，打开【Internet 信息服务 (IIS) 管理器】主窗口。展开主窗口左边的【网站】按钮，在右侧快捷操作中选择【添加 FTP 站点 ...】，如图 9-8 所示。

图9-8　Internet信息服务（IIS）管理器

（2）在【添加 FTP 站点】向导中，在【站点信息】界面，【FTP 站点名称】输入为【文档中心】，如图 9-9 所示，再单击【下一步】按钮。

图9-9　站点信息

（3）在【绑定和 SSL 设置】界面中，选择【无 SSL】单选按钮，如图 9-10 所示，再单击【下一步】按钮。

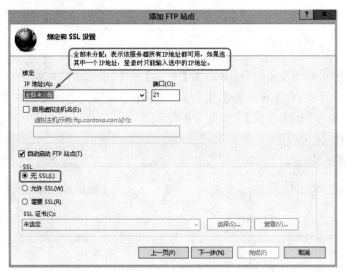

图9-10　绑定和SSL设置

SSL（Secure Sockets Layer）是为网络通信提供安全及数据完整性的一种安全协议，允许用户通过安全方式（如数字证书）访问 FTP 站点。如果采用 SSL 方式，则需要预先准备安全证书。

（4）在【身份验证】项目中选中【匿名】和【基本】复选框，在【授权】项目中选中权限的【读取】和【写入】复选框，在【允许访问】下拉列表中选择【所有用户】，如图 9-11 所示。最后单击【完成】按钮，完成 FTP 站点的添加。

图9-11　身份验证和授权信息

【身份验证】项目用于设置站点访问时是否需要输入用户名和密码：【匿名】是指无须输入用户名和密码；而【基本】则指用户访问时需要输入账户和密码，仅身份验证通过才允许访问。

【授权】项目中的【允许访问】下拉列表用于设置允许访问该站点的用户或用户组，并针对所选择的用户在下一个【权限】项目中配置权限。用户对站点有两种权限，【读取】是指可以查看、下载 FTP 站点的文件；【写入】则指可以上传、删除 FTP 站点的文件，还可以创建和删除子目录。

任务验证

在公司内部任何一台客户机上打开资源管理器，在地址栏中输入"ftp://192.168.1.1"即可打开刚刚建立的 FTP 站点，并且可以看到站点内的 3 个子目录，如图 9-12 所示。

图9-12 在客户端访问FTP站点

用户登录后不仅可以访问各子目录，还可以上传和下载文档到该 FTP 站点中，从而实现创建公司文档中心，并允许员工访问和提交文档。

任务9-2 FTP服务器权限配置

 任务背景

通过任务 9-1，公司创建了自己的 FTP 站点，并提高了工作效率。但使用一段时间后，公司主管发现存在以下问题。

（1）部门员工可以访问其他部门的文档。

（2）存在部门员工删除其他部门文档的情况。

（3）来访客户将公司文档下载到其个人计算机，使得公司文档外泄。

针对以上问题，公司希望改进现有的 FTP 站点，并解决这些问题。

 任务分析

公司主管提出的 3 个问题都跟 FTP 站点内目录的访问权限有关。

通过设置 FTP 站点的访问必须输入账号和密码，则可以解决来宾用户对公司站点的访问。

通过设置 FTP 站点子目录的权限，让部门员工账户仅允许访问对应部门目录，就可以解决前两个问题。

公司部门用户分布如图 9-13 所示。

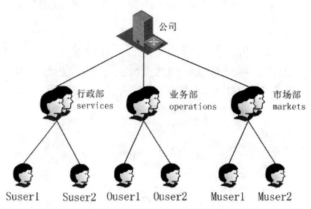

图9-13　公司部门用户分布

任务操作

1. 创建 FTP 登录用户及其组

（1）在【服务器管理器】主窗口中，单击【工具】按钮；再单击【计算机管理】，打开【计算机管理】主窗口，找到【本地用户和组】，右击【用户】，选择【新用户】命令，弹出【新用户】对话框，如图 9-14 所示，输入相关信息后单击【创建】按钮。

图9-14　创建新用户

（2）按同样的方法创建 Suser2、Ouser1、Ouser2、Muser1 和 Muser2 用户，再创建 services、operations 和 markets 组，并将 Suser1 和 Suser2 用户加入 services 组，Ouser1 和 Ouser2 用户加入 operations 组，Muser1 和 Muser2 用户加入 markets 组，如图 9-15 所示。

图9-15　计算机管理

2．禁用匿名身份验证

在【Internet Information Services (IIS) 管理器】中找到前面创建的【文档中心】并单击右边的【FTP 身份验证】，将【匿名身份验证】禁用，如图 9-16 所示。

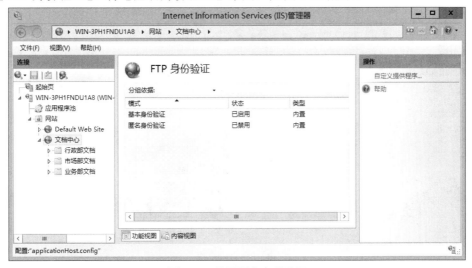

图9-16　禁用匿名身份验证

3．FTP 服务器权限配置

有两种方式可以实现让部门员工账户仅允许访问对应部门目录，而禁止访问其他部门目录。

方法一：

（1）打开【Internet Information Services (IIS) 管理器】主窗口，找到【网站】，单击【行政部文档】，再双击【FTP 授权规则】，如图 9-17 所示。

图9-17　行政部FTP授权规则

（2）在【FTP 授权规则】窗口中，将默认继承的所有用户规则删除，单击【添加允许授权规则】，弹出【添加允许授权规则】对话框，如图 9-18 所示；设置行政部组具有读／写权限，单击【确定】按钮保存设置，设置结果如图 9-19 所示。

图9-18　编辑允许授权规则

图9-19　查看FTP授权规则

（3）返回【行政部文档 主页】窗口中，单击【编辑权限】按钮，弹出【行政部文档 属性】对话框，切换到【安全】选项卡。

（4）单击【编辑】按钮，再单击【添加】按钮，添加 services 组，并赋予完全控制权限，如图9-20所示，再单击【确定】按钮保存设置。

图9-20 查看行政部NTFS属性

方法二：

（1）打开【Internet Information Services (IIS) 管理器】主窗口，找到【网站】，单击【市场部文档】，再双击【FTP 授权规则】，如图9-21所示。

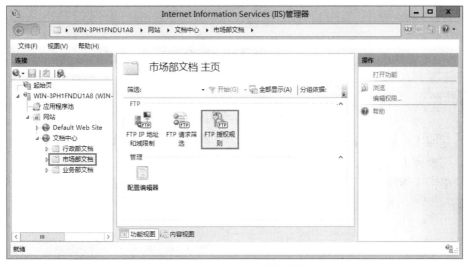

图9-21 市场部FTP授权规则

（2）在【FTP 授权规则】窗口中，单击【添加拒绝授权规则】，弹出【编辑拒绝授权规则】对话框，如图 9-22 所示，设置拒绝行政部和业务部组都具有读和写权限，单击【确定】按钮保存设置，结果如图 9-23 所示。

图9-22　编辑拒绝规则

图9-23　查看FTP授权规则

（3）返回【市场部文档 主页】窗口中，单击【编辑权限】按钮，弹出【市场部文档 属性】对话框，切换到【安全】选项卡。

（4）单击【编辑】按钮，再单击【添加】按钮，添加 markets 组，并赋予完全控制权限，如图 9-24 所示，再单击【确定】保存设置。

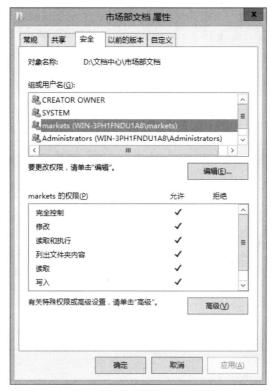

图9-24 查看市场部NTFS属性

用以上两种方法中的任何一种配置业务部权限。

 任务验证

在公司内部任何一台客户机上用 FileZilla 登录 FTP 服务器，其中 Suser1 和 Suser2 用户属于行政部，Muser1 和 Muser2 用户属于市场部，Ouser1 和 Ouser2 用户属于业务部。先用 Suser1 用户登录测试，如图 9-25 所示，说明 Suser1 用户只对行政部目录有读 / 写权限，对其他部门目录没有读 / 写权限。用同样的方法测试市场部用户和业务部用户都符合规定的权限要求，说明 FTP 服务器配置正确。

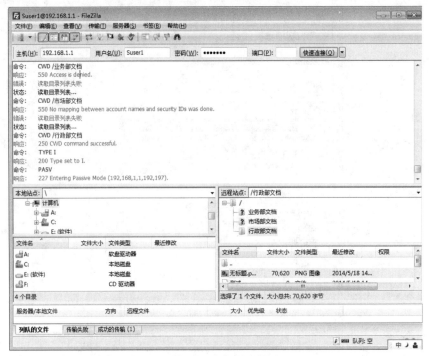

图9-25　Suser1用户测试

任务9-3　在一台服务器上创建多个FTP站点

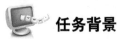 **任务背景**

通过文档中心FTP站点的部署有效提升了公司办公效率。公司现有经营产品多达数十种，员工经常需要查询产品的相关资料（说明书、视频等），但是这些资料都存放在各生产线的对应部门，导致产品相关资料查阅十分不方便，并且公司计算机上存储了大量的多个版本的产品资料。

公司希望借助FTP服务器建立公司产品信息中心站点，实现公司产品资料的统一管理，方便员工调用，并借助该站点始终更新公司产品的最新资料。

 任务分析

在一台服务器上创建多个FTP站点可以减少服务器的数量，实现资源最大化利用。

一个FTP资源（协议:// 域名或IP地址：端口号）的访问由3个要素构成：域名、IP地址和端口号。只要这3个要素有一个不同，就可以建立不同的站点。因此，实现一台服务器部署多个FTP站点主要有以下几种方式。

- 在一台服务器上绑定多个IP地址，通过不同的IP地址创建多个FTP站点。
- 通过自定义端口号创建多个FTP站点。
- 通过IP地址、域名、端口号组合创建多个FTP站点。
- 通过添加虚拟目录创建多个FTP站点。

任务操作

1. 通过绑定多个 IP 地址创建多个 FTP 站点

（1）打开【网络和共享中心】主窗口，单击【以太网卡】，找到【Internet 协议版本 4(TCP/IPv4)】，添加多个 IP 地址，再单击【确定】按钮保存设置，IP 地址配置结果如图 9-26 所示。

图9-26　IP地址配置结果

（2）在 D 盘下创建 FTP 目录，并在其目录下创建两个目录，在右侧快捷操作中选择【添加 FTP 站点】，进入 FTP-IP-1 和 FTP-IP-2。

（3）打开【Internet 信息服务 (IIS) 管理器】主窗口，找到【网站】，在右侧快捷操作中选择【添加 FTP 站点】命令，进入【添加 FTP 站点】向导，【FTP 站点名称】输入 FTP-IP-1，【物理路径】输入 D:\FTP\FTP-IP-1，再单击【下一步】按钮，如图 9-27 所示。

图9-27　添加FTP站点

（4）在【绑定和 SSL 设置】界面中，【IP 地址】选择 192.168.1.2，表示基于 192.168.1.2 的主机运行的 FTP，【端口】使用默认端口 21，【SSL】选择【无 SSL】，单击【下一步】按钮，如图 9-28 所示。

图9-28　绑定IP地址

（5）在【身份验证和授权信息】界面中，在【身份验证】项目中选中【匿名】和【基本】复选框，在【授权】项目卡中选择允许【所有用户】访问，在【权限】项目卡中选择【读取】和【写入】复选框，单击【完成】按钮，完成 FTP 站点的添加，如图 9-29 所示。

图9-29　配置FTP权限

（6）用同样的方法，配置基于 192.168.1.3 的 FTP-IP-2 站点，目录指向 D:\FTP\FTP-IP-2。

2．通过自定义端口号创建多个 FTP 站点

（1）在 D 盘的 FTP 目录下创建两个目录 FTP-PORT-1 和 FTP-PORT-2。

（2）打开【Internet 信息服务 (IIS) 管理器】主窗口，找到【网站】，单击【添加 FTP 站点】，进入【添加 FTP 站点】向导；【FTP 站点名称】输入 FTP-PORT-1，【物理路径】输入【D:\FTP\FTP-PORT-1】，单击【下一步】按钮，如图 9-30 所示。

图9-30　添加FTP站点

（3）在【绑定和 SSL 设置】界面中，【IP 地址】选择【全部未分配】，表示主机所有 IP 地址都可以用；【端口】可以用默认端口 21，前提是要确定端口 21 没有被占用，因为端口 21 前面已经使用过了，这里使用 2121 这个端口号；【SSL】选择【无 SSL】，单击【下一步】按钮，如图 9-31 所示。

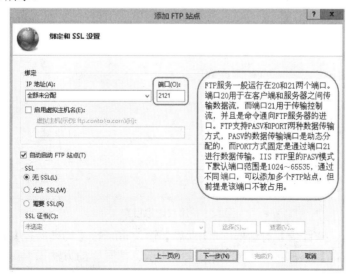

图9-31　绑定端口号

（4）在【身份验证和授权信息】界面中，在【身份验证】项目中选中【匿名】和【基本】复选框，在【授权】项目中选择允许【所有用户】访问，在【权限】项目中选择【读取】和【写入】复选框，单击【完成】按钮，完成 FTP 站点的添加，如图 9-32 所示。

图9-32 配置FTP权限

（5）用同样的方法，配置基于 2122 端口的 FTP-PORT-2 服务，目录指向 D:\FTP\FTP-PORT-2。

3．通过添加虚拟目录创建多个 FTP 站点

（1）在 D 盘的 FTP 目录下创建两个目录 FTP-ALIAS-1 和 FTP-ALIAS-2。

（2）打开【Internet Information Services (IIS) 管理器】主窗口，找到【FTP-IP-1】，在右键菜单中选择【添加虚拟目录】命令，如图 9-33 所示。

图9-33 添加虚拟目录

（3）在【添加虚拟目录】对话框中，【别名】输入 alias1，【物理路径】输入 D:\FTP\FTP-ALIAS-1，单击【确定】按钮保存设置，如图 9-34 所示。按同样的方法添加虚拟目录 alias2，【物理路径】输入 D:\FTP\FTP-ALIAS-2，保存好设置即可，结果如图 9-35 所示。

图9-34　配置虚拟目录

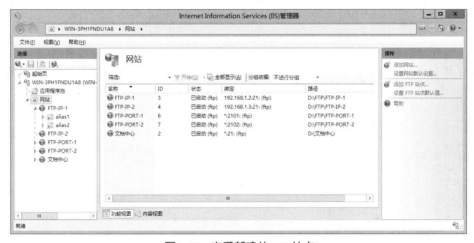

图9-35　查看新建的FTP站点

 任务验证

（1）通过不同的 IP 地址创建多个 FTP 站点，经测试 FTP 站点都能访问，如图 9-36 所示。

图9-36　验证基于IP地址的FTP

（2）通过端口号创建多个 FTP 站点，经测试 FTP 站点都能访问，如图 9-37 所示。

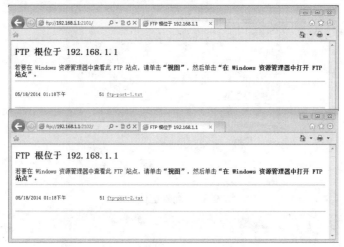

图9-37　验证基于端口号的FTP

（3）通过添加虚拟目录创建多个 FTP 站点，经测试 FTP 站点都能访问，如图 9-38 所示。

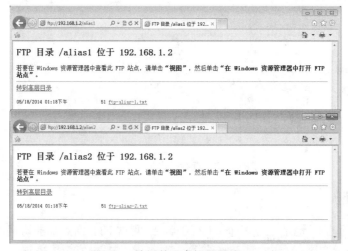

图9-38　验证基于虚拟目录的FTP

任务9-4　Serv-U服务器的安装及配置

 任务背景

　　随着公司内部办公对FTP站点的依赖，一台FTP服务器(存在多个站点)已经无法满足需求，公司希望利用一台安装有 Windows 7 操作系统的普通计算机创建 FTP 站点并满足以下需求。

　　公司要求在 FTP 服务器上建立【行政部】、【业务部】和【share】3 个文件夹，每个部门下建有对应的员工文件夹，user1 属于行政部，user2 属于业务部，admin 为管理员用户，站点允许员工账户（user）下载，但不允许删除和上传，允许管理员账户（admin）具备完全控制权限。用户对应的文件权限如表 9-4 所示。

表9-4 用户的权限

用户 \ 文件夹	行政部	业务部	share
user1	只读	不可见	能写不能删
user2	不可见	只读	能写不能删
admin	完全控制	完全控制	完全控制

 任务分析

Windows 7 Home 版本身并不提供 FTP 服务，因此要在该系统上提供 FTP 服务，则必须安装第三方的 FTP 服务软件。Serv-U 是目前市场占有率最高的 FTP 服务软件，通过在 Windows 7 系统上安装 Serv-U，同样可以实现 FTP 站点的发布与管理。

 任务操作

1．Serv-U 的安装及域的创建

（1）目前 Serv-U 最新版本是 15.0，按软件向导提示完成软件的安装。

（2）第一次打开 Serv-U 时会提示定义新域的向导，单击【是】按钮。

（3）在【域向导】中，步骤 1 是填写域名，如图 9-39 所示，再单击【下一步】按钮。

图9-39 填写域名

（4）在【域向导】中，步骤 2 是协议及其相应的端口，直接单击【下一步】按钮。

（5）在【域向导】中，步骤 3 是 IP 地址选择，选择【所有可以用的 IPv4 地址】，表示使用所有可用的 IP 地址，单击【下一步】按钮。

（6）在【域向导】中，步骤 4 是密码加密模式，选择【使用服务器设置】，单击【完成】按钮，完成域的创建。

2．Serv-U 的用户创建

（1）域创建完成后，提示"域中暂无用户，是否要创建用户账户"，单击【是】按钮。

（2）在【用户向导】中，步骤 1 是创建登录 ID，如图 9-40 所示，单击【下一步】按钮。

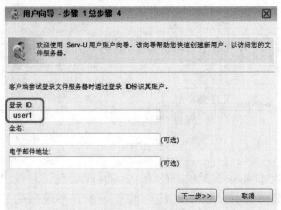

图9-40　登录ID

（3）在【用户向导】中，步骤 2 是密码设置，如图 9-41 所示，单击【下一步】按钮。

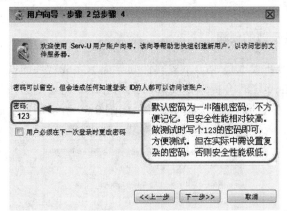

图9-41　密码设置

（4）在【用户向导】中，步骤 3 是根目录选择，选择 E:\ftp，单击【下一步】按钮。

（5）在【用户向导】中，步骤 4 是访问权限设置，选择【只读访问】，如图 9-42 所示，单击【完成】按钮。

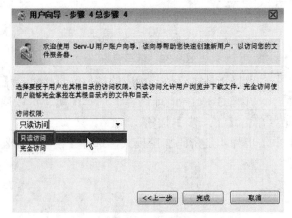

图9-42　访问权限

（6）按同样的方法创建 user2，密码为 456。

（7）按同样的方法创建 admin，密码为 123456，访问权限选择【完全访问】。

3．Serv-U 的用户权限设置

（1）打开【Serv-U 管理控制台】，单击【创建、修改和删除用户账户】项，如图 9-43 所示。

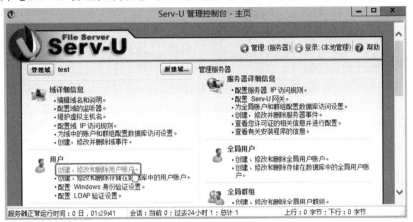

图9-43　Serv-U管理控制台

（2）在【域用户】选项卡中，选择 user1，单击【编辑】按钮，如图 9-44 所示。

图9-44　域用户

（3）在【用户属性 -user1】对话框中，切换到【目录访问】选项卡，再单击【添加】按钮，如图 9-45 所示。

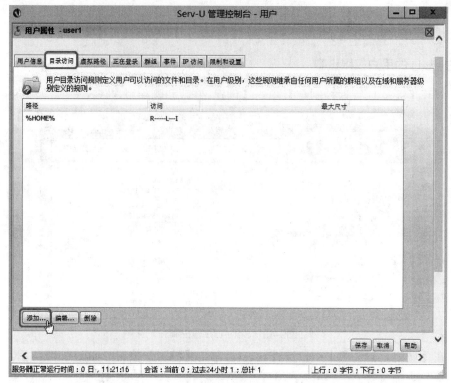

图9-45 目录访问

（4）在【目录访问规则】对话框中，【路径】选择 E:/ftp/ 行政部 /user1，再单击【完全访问】按钮，如图 9-46 所示，然后单击【保存】按钮保存设置。

（5）按同样的方法添加 E:/ftp/share，【目录访问规则】如图 9-47 所示，再单击【保存】按钮保存设置。

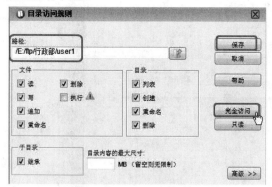

图9-46　user1目录访问规则

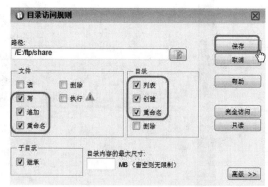

图9-47　share目录访问规则

（6）按同样的方法添加 E:/ftp/ 业务部，【目录访问规则】如图 9-48 所示，再单击【保存】按钮保存设置。

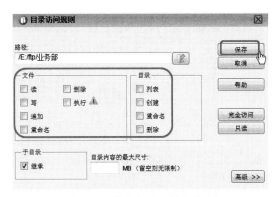

图9-48　业务部目录访问规则

（7）返回【用户属性-user1】对话框中，选择%HOME%项，再单击【▼】按钮，把【%HOME%】移到最下面，如图9-49所示。这个步骤一定要设置，否则前面设置的都无法生效，最后单击【保存】按钮。

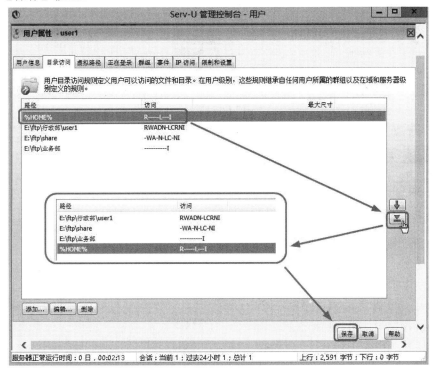

图9-49　目录访问

（8）按同样的方法设置user2权限，而admin在用户创建时权限已经设置好了。

（9）重新启动Serv-U服务器，使配置的参数生效。

 任务验证

在公司内部任何一台客户机上使用CuteFTP登录FTP服务器，先测试user1用户权限，分别尝试访问【业务部】、【行政部】和【share】3个文件夹，结果如图9-50所示，说明user1用户权限配置正确。可以按同样的方法测试user2和admin用户访问结果。

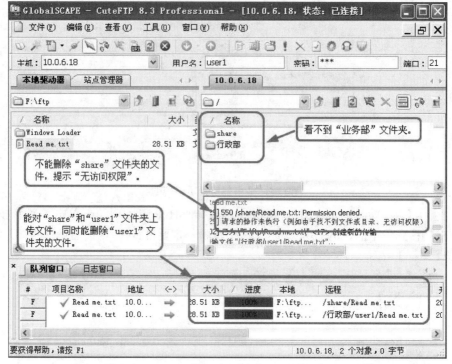

图9-50　测试

 # 习题与上机

一、理论习题

1. FTP 的主要功能是（　　　）。

A．传送网上所有类型的文件　　　　　　B．远程登录

C．收发电子邮件　　　　　　　　　　　D．浏览网页

2. FTP 的中文含义是（　　　）。

A．高级程序设计语言　　　　　　　　　B．域名

C．文件传送协议　　　　　　　　　　　D．网址

3. Internet 在支持 FTP 方面，说法正确的是（　　　）。

A．能进入非匿名式的 FTP，无法上传　　B．能进入非匿名式的 FTP，可以上传

C．只能进入匿名式的 FTP，无法上传　　D．只能进入匿名式的 FTP，可以上传

4. 将文件从 FTP 服务器传输到客户机的过程称为（　　　）。

A．upload　　　　　　B．download　　　　　　C．upgrade　　　　　　D．update

5. FTP 使用的端口是（　　　）。

A．21　　　　　　　　B．23　　　　　　　　C．25　　　　　　　　D．22

二、项目实训题

项目一：安装并配置一台匿名 IIS FTP 服务器，要求如下。

- 只允许管理员账户访问，并支持匿名FTP访问。
- FTP服务器绑定IP 地址，地址为192.168.1.253。
- 匿名访问FTP只能浏览其中内容，禁止进行文件传输。
- 允许管理员进行文件传输。
- 使用被动模式进行传输。
- 站点目录为D:\ftp\share。

在 Windows 客户端上测试 FTP 服务器的运行情况：用匿名账户登录测试；用管理员账户登录测试。

项目二：使用 Serv-U 配置 FTP 服务器，要求如下。

- 用户有教师和学生两种，用户名分别为teacher和stu，密码为空。
- 教师可以上传文件也可以下载文件。
- 学生只能浏览及下载文件。
- 下载带宽限制为100KB/s。
- FTP的服务器地址为192.168.1.253。
- FTP服务器的工作文件夹为D:\lesson，空间大小为1GB。

在 Windows 客户端上进行测试：用学生账户登录测试；用教师账户登录测试。

三、综合项目实训题

项目一：FTP 服务器的构建（IIS 环境）。

项目背景：

NETWORK 公司拥有两台 DNS 服务器，两台 IIS FTP 服务器，域名部署已经完成，具体如图 9-51 所示。

你是该公司的网络管理员，请按下列要求部署各服务器。

（1）1 号机通过端口号创建两个 FTP 站点（非匿名访问站点）。

（2）3 号机通过不同 IP 地址创建两个 FTP 站点（匿名访问站点）。

项目要求：写出项目现象和项目结果，并对项目中出现的问题做出分析，提出解决办法。

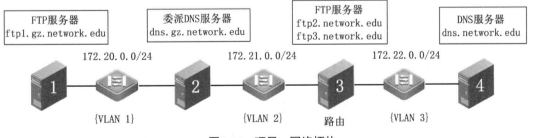

图9-51 项目一网络拓扑

项目二：FTP 服务器的构建（Serv-U 环境）。

项目背景：

NETWORK 公司拥有两台 DNS 服务器，两台 Serv-U FTP 服务器，域名部署已经完成，具体如图 9-52 所示。你是该公司的网络管理员，请按下列要求部署 FTP 应用服务器。

（1）根据网络拓扑图配置网络项目环境，给各计算机配置 IP 地址、DNS 服务器及静态路由，使得计算机能相互通信。

（2）根据下面的案例背景配置各 FTP 服务器，案例序号对应各计算机序号，要求在相应的计算机上实现下列案例。

- 案例1：某公司要求员工提交个人信息表到指定目录，所有员工通过一个账户/密码（user/user）登录提交，主管要求各员工不能查看和下载其他员工的信息表，但是都可以上传。

- 案例2：公司FTP站点提供丰富的产品介绍视频下载，因视频文件较多，存储在不同磁盘卷下，主管要求所有的员工及客户都可以匿名访问到它们。如果是虚拟目录，要求给用户足够的提示说明。

- 案例3：某公司的网站有两个网站管理员，分管两个子站点，网站通过Serv-U更新。主管要求这两个网站管理员登录FTP后只能对自己的站点更新，而无法访问对方的目录。

- 案例4：某公司主营业务为空间租用，现有一用户租用了15MB空间，主管要你为该客户开通FTP服务。

项目要求：写出项目现象和项目结果，并对项目中出现的问题做出分析，提出解决办法。

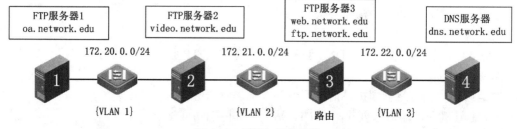

图9-52　项目二网络拓扑

Web服务的管理

 项目描述

某公司为满足业务发展需求，引入了多套管理系统，涉及公司门户、人事管理、业务管理、生产管理等方面，并且这些系统全部为 B/S 架构。由于公司处于发展期，无专门的网络管理人才，因此这些系统全部由原系统开发商托管管理。

随着公司自身网络及信息中心的建设，以及自身网络管理人才的引进，公司希望将这些业务系统部署在新购置的 Windows Server 2012 服务器上，并自行管理。公司网络拓扑如图 10-1 所示。

图10-1 公司网络拓扑

 项目分析

通过在 Windows Server 2012 上安装 Web 服务管理平台，可实现 ASP、ASP.NET、JSP 等目前流行网站的发布与管理。

因此本项目首先需要调研公司目前采用的各种业务系统需要的支持平台，然后在 Windows Server 2012 服务器上部署对应平台，并将这些业务系统迁移到该平台中。

 相关知识

网站的发布与管理涉及网站平台的搭建、网站的发布、网站安全的设计与部署、网站的更新与备份等知识。

1. 什么是 Web

万维网（也称"Web""WWW"，英文全称为"World Wide Web"）是一个由许多互相链接的超文本文档组成的系统，通过互联网访问。在这个系统中，每个有用的事物称为一个"资源"；并且由一个全局"统一资源标志符（URI）"标志；这些资源通过超文本传送协议（Hypertext Transfer Protocol，HTTP）传送给用户，而后者通过单击链接来获得资源。万维网联盟（World Wide Web Consortium，W3C）又称 W3C 理事会，1994 年 10 月在麻省理工学院（MIT）计算机科学实验室成立，它是依托互联网运行的一项服务。

2. Web 的工作原理

WWW 中信息资源主要以 Web 文档（或称 Web 页）为基本元素构成。这些 Web 页采用超文本（Hyper Text）的格式，即可以含有指向其他 Web 页或其本身内部特定位置的超链接（简称链接）。可以将链接理解为指向其他 Web 页的"指针"。链接使得 Web 页交织为网状。这样，如果 Internet 上的 Web 页和链接非常多，就构成了一个巨大的信息网。

Web 通过以下 3 种机制保证信息资源可被世界范围内的访问者访问：

- 在Web上定位资源的统一命名规则，如URL（Uniform Resource Locator，统一资源定位地址）。
- 通过Web访问命名资源的协议，如HTTP（Hypertext Transfer Protocol，超文本传送协议）。
- 在资源间轻松导航的超文本语言，如HTML（Hypertext Markup Language，超文本置标语言）。

当用户通过 URL 定位 Web 资源并利用 HTTP 访问 Web 服务器获取该 Web 资源后，需要在自己的屏幕上将其正确无误地显示出来。由于 Web 服务器并不知道将来阅读这个文件的用户到底会使用哪一种类型的计算机或终端，因此要保证每个用户在屏幕上都能读到正确显示的文件，必须以各类型的计算机或终端都能"看懂"的方式来描述文件，于是就产生了 HTML。HTML 对 Web 页的内容、格式及 Web 页中的超链接进行描述。而 Web 浏览器的作用就在于读取 Web 页上的 HTML 文档，再根据此类文档中的描述组织并显示相应的 Web 页面。

3. URL

URL 也被称为网页地址，是互联网上标准资源的地址。统一资源定位地址的标准格式如下：

协议类型：// 主机名（必要时需加上端口号）/ 路径 / 文件名

下面对 URL 的格式做具体说明。

（1）协议类型

在 URL 中，冒号前面的部分指出资源的访问协议类型。可用的协议类型包括 HTTP、HTTPS、Gopher、FTP、Mailto、Telnet、File 等。使用这些协议，就可以在浏览器中访问 HTTP、FTP 或 Gopher 服务器资源，也可以在浏览器中使用 Telnet、电子邮件，还可以直接在浏览器中访问本地的文件。

（2）主机名

主机名指存有资源的主机名字，可以用它的域名，也可以用它的 IP 地址表示。例如，http://www.edu.cn/index.asp 的主机名为"www.edu.cn"。

（3）端口号

端口号指进入服务器的通道，一般为默认端口，如 HTTP 协议的端口号为 80，FTP 协议的端口号为 21。如果输入时省略，则使用默认端口号。有时候为了安全，不希望任何人都能访问服务器上的资源，就可以在服务器上对端口号重新定义，即使用非标准端口号，此时访问 URL 时就不能省略该端口号。例如，"http://www.edu.cn/"和"http://www.edu.cn:80"效果是一样的，因为 80 是 HTTP 服务的默认端口号。再如，"http://www.edu.cn:8080"和"http://www.edu.cn"是不同的，因为两个 URL 的端口号不同。

（4）路径 / 文件名

路径 / 文件名指明服务器上某资源的位置，其格式通常由"目录 / 子目录 / 文件名"这样的结构组成。

4．Web 服务的类型

目前，最常用的 3 种动态网页语言有 ASP/ASP.NET（Active Server Pages）、JSP（JavaServer Pages）和 PHP（Hypertext Preprocessor）。

ASP/ASP.NET 是一个由微软公司开发的 Web 服务器端的开发环境，利用它可以产生和执行动态的、互动的、高性能的 Web 服务应用程序。ASP/ASP.NET 采用脚本语言 VBScript（JavaScript）作为自己的开发语言。

PHP 是一种跨平台的服务器端的嵌入式脚本语言。它大量地借用 C、Java 和 Perl 语言的语法，并耦合自己的特性，使 Web 开发者能够快速地写出动态产生页面。PHP 是完全免费和开源的，用户可以从 PHP 官方站点（http: //www.PHP.net）自由下载，而且可以不受限制地获得源码进行二次开发。

JSP 是 SUN 公司推出的网站开发语言，它可以在 Serverlet 和 JavaBean 的支持下完成功能强大的站点程序。

三者都提供在 HTML 代码中混合某种程序代码，由语言引擎解释执行程序代码的能力。在 ASP/ ASP.NET、PHP、JSP 环境下，HTML 代码主要负责描述信息的显示样式，而程序代码则用来描述处理逻辑。普通的 HTML 页面只依赖于 Web 服务器，而 ASP、PHP、JSP 页面需要附加的语言引擎分析和执行程序代码。程序代码的执行结果被重新嵌入到 HTML 代码中，然后一起发送给浏览器。三者都是面向 Web 服务器的技术，客户端浏览器不需要任何附加的软件支持。

Windows Server 2012 的站点服务支持静态网站、ASP 网站、ASP.NET 网站的发布，而 PHP 和 JSP 的发布则需安装 PHP 和 JSP 的服务安装包才能支持。通常 PHP 和 JSP 都在 Linux 操作系统上发布。

5. IIS 8.0

Windows Server 2012 家族中的 IIS 即 Internet Information Services（互联网信息服务），是微软提供的基于 Windows 操作系统的互联网服务器软件。利用 IIS 可以在互联网上发布属于自己的 Web 服务。经过多个版本的发展，IIS 已经成为目前功能较为完善的 Web 服务软件，其中包括 Web 服务器、FTP 服务器、NNTP 服务器和 SMTP 服务器等，分别用于网页浏览、文件传输、新闻服务和邮件发送等方面，并且还支持服务器集群和动态页面扩展如 ASP、ASP.NET 等功能。通过 IIS 提供的图形化控制台界面，管理员无须记忆烦琐的服务器配置指令，就能够轻松搭建基于网络的 Web 服务器。

IIS 8.0 作为目前的最新版本已经内置在 Windows Server 2012 操作系统当中，开发者利用 IIS 8.0 可以在本地系统上搭建测试服务器，进行网络服务器的调试与开发测试，例如部署 WCF 服务和搭建文件下载服务。相比之前的版本，IIS 8.0 提供了如下一些新特性。

- 集中式证书：为服务器提供一个SSL证书存储区，并且简化了对SSL绑定的管理。
- 动态IP限制：可以让管理员配置IIS以阻止访问超过指定请求数的IP地址。
- FTP登录尝试限制：限制在指定时间范围内尝试登录FTP账户失败的次数。
- WebSocket 支持：支持部署调试WebSocket接口应用程序。
- NUMA感应的可伸缩性：提供对NUMA硬件的支持，允许32～128 个CPU核心。
- IIS CPU节流：通过多用户管理部署中的一个应用程序池，限制CPU、内存和带宽消耗。

任务10-1　Web服务器的安装及静态网站的发布

任务背景

为了公司网站的顺利迁移，公司已经准备好一个测试网站（静态）用于模拟网站的迁移，并在一台 Windows Server 2012 服务器上发布该网站。

任务分析

要在 Windows Server 2012 系统中发布静态网站，需要通过如下几个步骤。
（1）安装 Web 服务器角色和功能。
（2）将网站内容复制到 Web 服务器。
（3）通过 IIS 发布静态网站。

任务操作

1．安装 Web 服务器角色和功能

（1）在【服务器管理器】主窗口的【角色摘要】下，单击【添加角色】按钮。
（2）在【添加角色向导】中，单击【下一步】按钮。
（3）在服务器角色列表中，选择【Web 服务器 (IIS)】服务，如图 10-2 所示，再单击【下一步】按钮。

图10-2　角色选择

（4）在【功能】选项卡中，直接单击【下一步】按钮。

（5）在【Web 服务器角色 (IIS)】选项卡中，直接单击【下一步】按钮。

（6）在【角色服务】选项卡中，选择默认选项并单击【下一步】按钮，如图 10-3 所示。

图10-3　角色服务

（7）在【确认】选项卡中，单击【安装】按钮，安装完成后单击【关闭】按钮。

2．网站的发布

（1）将网站内容复制到 Web 服务器。在本任务中将网站放置在"D:\ 测试网站"目录中。网站的复制用自己新建的文件来代替，网站的首页为"index.htm"。网站目录与首页的内容如图 10-4 所示。

（a）网站目录

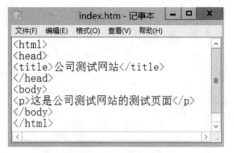

（b）文件内容

图10-4　测试网站目录及index.htm文件内容

（2）在【服务器管理器】主窗口中，单击【工具】→【Internet 信息服务 (IIS) 管理器】命令，打开【Internet Information Services (IIS) 管理器】主窗口，如图 10-5 所示。

图10-5　IIS管理器

在安装完 Web 服务器角色与功能后，IIS 会默认加载一个【Default Web Site】站点，该站点用于测试 IIS 是否正常工作。此时用户打开这台 Web 服务器的浏览器，并访问"http://localhost"，如果 IIS 正常工作，则可以打开如图 10-6 所示的网页。

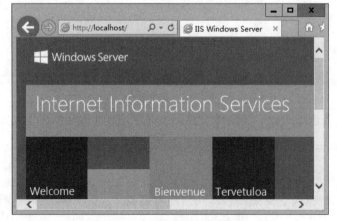

图10-6　IIS默认站点的访问

（3）由于该默认站点与本任务的后续操作会产生冲突，冲突原因我们在后续任务中进行介绍，这里先关闭该站点。单击【Default Web Site】站点，在右键菜单中选择【管理网站】→【停止】命令，暂时关闭该站点，如图 10-7 所示。

图10-7 默认站点的停止操作界面

（4）单击网站管理界面右侧的【添加网站】链接来添加网站，如图 10-8 所示。

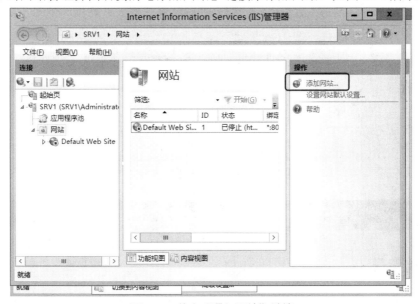

图10-8 单击"添加网站"链接

（5）在【添加网站】对话框中，输入网站名称、物理路径，其他选择默认设置，如图 10-9 所示。单击【确定】按钮时，会弹出"80 端口已经绑定给默认站点"的提示警告，单击【确定】按钮完成网站创建。

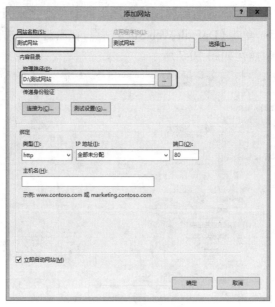

图10-9　添加网站

 任务验证

在公司内部任何一台客户机上，使用 IE 浏览器访问网址"http://192.168.1.1"，结果如图 10-10 所示。

图10-10　使用IE浏览器访问网站

任务10-2　动态网站的发布

 任务背景

公司人事管理系统是一个早期开发的 ASP+Access 动态网站，由于装有人事管理系统的服务器经常出现故障，公司希望将这套业务系统迁移到新购置的 Web 服务器上，并且在迁移之前能对这台服务器做 ASP 站点服务的测试。

 任务分析

Windows Server 2012 的 IIS 支持 ASP、ASP.NET 站点的发布，但是需要安装特定的组件，因此本任务需要通过以下几个步骤来完成。

（1）添加 IIS 的 Web 服务对 ASP 动态网站支持的相关功能。

（2）将网站内容复制到 Web 服务器。

（3）通过 IIS 发布 ASP 站点。

（4）在站点的默认文档中添加默认首页"index.asp"。

 任务操作

（1）在【服务器角色】下展开【Web 服务器】服务下的【应用程序开发】，选中【ASP】，如图 10-11 所示，并安装。

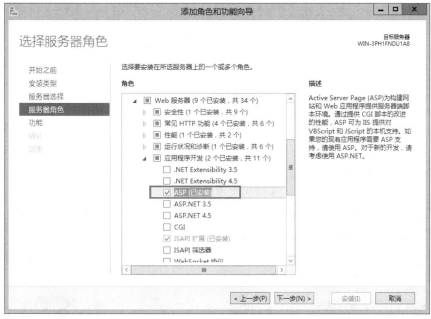

图10-11　ASP安装

（2）修改人事管理系统网页文件，加入 ASP 动态语言，如图 10-12 所示。

图10-12　修改网页代码

（3）在【添加网站】对话框中，输入网站名称和物理路径，其他选择默认设置，如图 10-13 所示。单击【确定】按钮时，会弹出"80 端口已经绑定给默认站点"的提示警告，单击【确定】按钮完成网站创建。

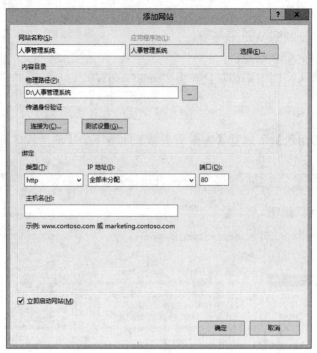

图10-13　添加ASP网站

（4）在左边导航栏下选择【人事管理系统】，在界面的右边，单击【添加】链接输入主页的文档名，如图10-14所示，添加完成后的默认文档结果如图10-15所示。

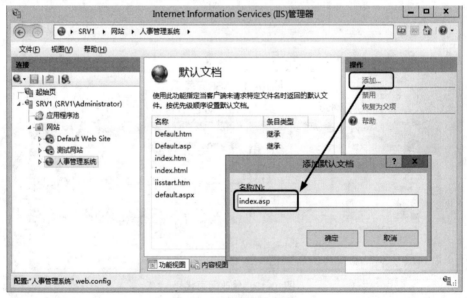

图10-14　添加默认文档

图10-15　查看默认文档

任务验证

在公司内部任何一台客户机上使用 IE 浏览器访问网址"http://192.168.1.1"，结果如图 10-16 所示。

图10-16　客户端测试是否运行ASP网站

任务10-3　在一台服务器上创建多个HTTP网站

任务背景

公司人事管理系统迁移到 Web 服务器后，会与原有的测试网站冲突，这样每次只能发布一个站点。公司希望能在这台 Web 服务器上进行配置，以实现多个站点的发布。

任务分析

在一台服务器上架设多个 Web 站点可以减少服务器的数量，实现资源最大化利用。

根据前文可知，一个 Web 资源（协议 :// 域名或 IP 地址 : 端口号）的访问由 3 个要素构成：域名、IP 地址和端口号；只要这 3 个要素有一个不同，就可以建立不同的站点。因此实现一台服务器部署多个 Web 站点主要有以下几种方式。

- 在一台服务器绑定多个IP地址，通过不同的IP地址创建多个站点。
- 在DNS服务器上为Web服务器的IP地址注册多个域名，通过不同域名（虚拟主机名）创建多个站点。
- 通过自定义端口号创建多个站点。
- 通过IP地址、域名、端口号组合创建多个Web站点。
- 通过虚拟目录创建父子站点实现多个Web站点的发布。

注：本任务与任务9.3很相似，请读者找出异同。

 任务操作

1. 通过绑定多个 IP 地址创建多个站点

（1）打开【网络和共享中心】主窗口，单击【以太网卡】，找到【Internet 协议版本 4(TCP/IPv4)】，添加多个 IP 地址，如图 10-17 所示，单击【确定】按钮保存设置。

图10-17　IP地址配置

（2）在 D 盘下创建 WEB 目录，并在其目录下创建两个目录 WEB-IP-1 和 WEB-IP-2，并在每个目录中创建 index.html 文件，网页内容分别为 WEB-IP-1 和 WEB-IP-2。

（3）打开【Internet Information Services (IIS) 管理器】主窗口，找到【网站】，单击【添加网站】链接，在【网站名称】文本框中输入 WEB-IP-1，在【物理路径】文本框中输入 D:\WEB\WEB-IP-1，在【IP 地址】下拉框中选择 192.168.1.2，单击【确定】按钮，如图 10-18 所示。

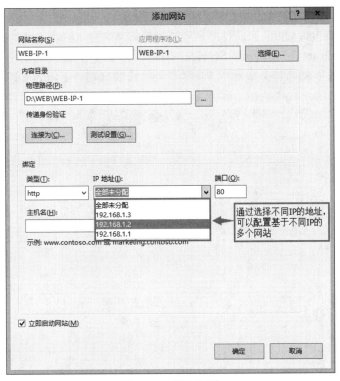

图10-18　添加网站

（4）用同样的方法，配置基于 192.168.1.3 的网站，目录指向 D:\WEB\WEB-IP-2。

2．通过域名创建多个网站

（1）安装配置 DNS，能够解析 web1.network.com 和 web2.network.com 到 192.168.1.1，如图 10-19 所示。

图10-19　测试域名能否解析

（2）在 D 盘的 WEB 目录下创建两个目录，目录名分别为 WEB-DNS-1 和 WEB-DNS-2，并在每个目录中创建 index.html 文件，网页内容分别为 web1.network.com 和 web2.network.com。

（3）打开【Internet Information Services (IIS) 管理器】主窗口，找到【网站】，单击【添加网站】链接，在【网站名称】中输入 WEB-DNS-1，【物理路径】输入 D:\WEB\WEB-DNS-1，【主机名】输入 web1.network.com，单击【确定】按钮，如图 10-20 所示。

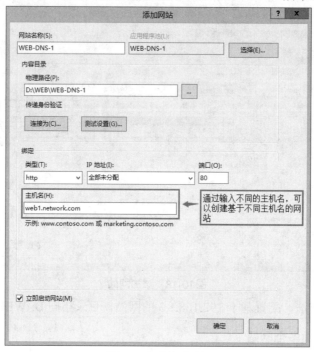

图10-20　添加网站

（4）用同样的方法，配置基于 web2.network.com 的网站，目录指向 D:\WEB\WEB-DNS-2。

3．通过绑定不同端口创建多个站点

（1）在 D 盘下创建 WEB 目录，并在其目录下创建两个目录，目录名分别为 WEB-PORT-1 和 WEB-PORT-2，并在每个目录中创建 index.html 文件，网页内容分别为 WEB-PORT-1 和 WEB-PORT-2。

（2）打开【Internet Information Services (IIS) 管理器】主窗口，找到【网站】，单击【添加网站】链接，在【网站名称】中输入 WEB-PORT-1，【物理路径】输入 D:\WEB\WEB-PORT-1，【端口】输入 8001，单击【确定】按钮，如图 10-21 所示。

图10-21　添加网站

（3）用同样的方法，配置基于 8002 端口的网站，目录指向 D:\WEB\WEB-PORT-2。

4．通过添加虚拟目录创建多个网站

（1）在 D 盘下创建 WEB 目录，并在其目录下创建两个目录，目录名分别为 WEB-ALIAS-1 和 WEB-ALIAS-2，并在每个目录中创建 index.html 文件，网页内容分别为 WEB-ALIAS-1 和 WEB-ALIAS-2。

（2）打开【Internet Information Services (IIS) 管理器】主窗口，找到 WEB-IP-1，在右键菜单中选择【添加虚拟目录】命令，如图 10-22 所示。

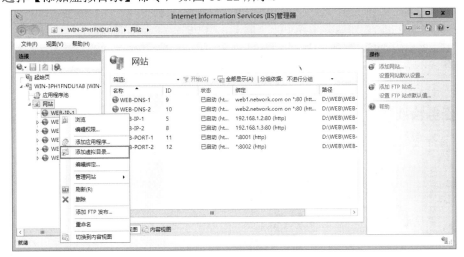

图10-22　添加虚拟目录

（3）在【添加虚拟目录】对话框中，【别名】输入 alias1，【物理路径】输入 D:\WEB\WEB-ALIAS-1，单击【确定】按钮保存设置，如图 10-23 所示。

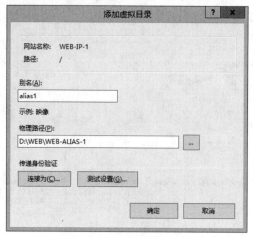

图10-23　设置虚拟目录属性

（4）用同样的方法，配置基于虚拟目录的网站，目录指向 D:\WEB\WEB-ALIAS-2，结果如图 10-24 所示。

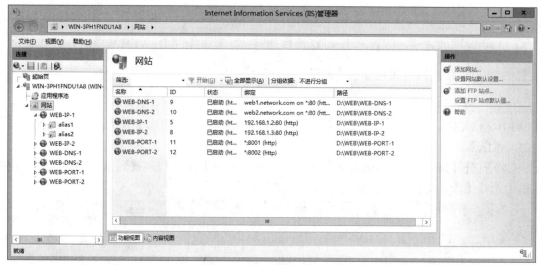

图10-24　查看新建的网站

 任务验证

（1）通过不同的 IP 地址创建多个网站，经测试 Web 站点都能访问，如图 10-25 所示。

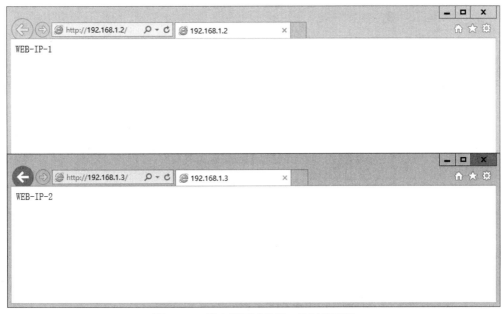

图10-25　客户端测试基于IP地址的网站

（2）通过不同的域名创建多个网站，经测试 Web 站点都能访问，如图 10-26 所示。

图10-26　客户端测试基于域名的网站

（3）通过不同的端口号创建多个网站，经测试 Web 站点都能访问，如图 10-27 所示。

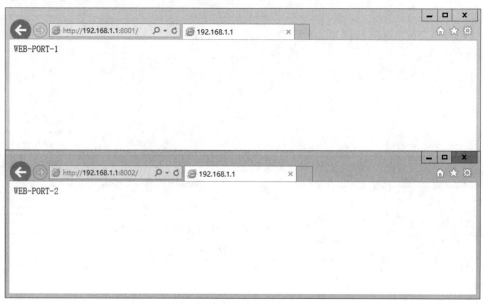

图10-27　客户端测试基于端口号的网站

（4）通过添加虚拟目录创建多个网站，经测试 Web 站点都能访问，如图 10-28 所示。

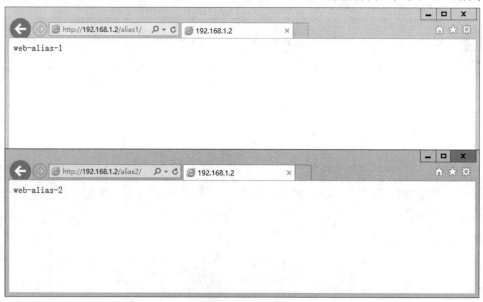

图10-28　客户端测试基于虚拟目录的网站

任务10-4　通过FTP更新Web站点

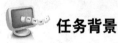任务背景

公司人事管理系统内有很多内容是静态网页，由于网站更新需要直接到服务器上进行文件更新非常不便，公司希望能通过 FTP 服务实现该网站的远程更新。

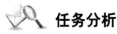 **任务分析**

通过在计算机上安装 Windows Server 2012，同时部署 Web 服务和 FTP 服务，将静态网站在该服务器上发布，并且通过部署 FTP 站点的主目录和网站的主目录一致，这样网站管理员在更新 FTP 站点时就更新了 Web 站点，实现了 Web 站点的远程更新。

 任务操作

（1）打开【Internet Information Services (IIS) 管理器】主窗口，找到【人事管理系统】网络，在右键菜单中选择【添加 FTP 发布】命令，如图 10-29 所示。

图10-29　添加FTP发布

（2）打开【绑定和 SSL 设置】界面，根据实际情况填写，如图 10-30 所示，再单击【下一步】按钮。

图10-30　绑定和SSL设置

（3）打开【身份验证和授权信息】界面，选中【基本】、【读取】和【写入】复选框，【允许访问】选择【指定用户】，再输入 user01（假设该用户为网站管理员账户），如图 10-31 所示，再单击【完成】按钮，成功添加 FTP 发布。

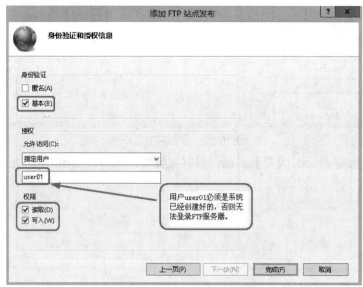

图10-31　身份验证和授权信息

 任务验证

在公司内部任何一台客户机上用 FTP 客户端登录 FTP 服务器，如图 10-32 所示，经测试可以上传和删除网站文件，实现了网站的更新。

图10-32 通过FTP客户端更新Web站点目录文件

 习题与上机

一、理论习题

1. Web 的主要功能是（　　）。

A. 传送网上所有类型的文件　　　　　B. 远程登录

C. 收发电子邮件　　　　　　　　　　D. 提供浏览网页服务

2. HTTP 的中文含义是（　　）。

A. 高级程序设计语言　　　　　　　　B. 域名

C. 超文件传输协议　　　　　　　　　D. 互联网网址

3. 当使用无效凭据的客户端尝试访问未经授权的内容时，IIS 将返回（　　）错误。

A. 401　　　　　　B. 402　　　　　　C. 403　　　　　　D. 404

4. 虚拟目录指的是（　　）。

A. 位于计算机物理文件系统中的目录

B. 管理员在 IIS 中指定并映射到本地或远程服务器上的物理目录的目录名称

C. 一个特定的、包含根应用的目录路径

D. Web 服务器所在的目录

5. HTTPS 使用的端口是（　　）。

A. 21　　　　　　　B. 23　　　　　　　C. 25　　　　　　　D. 53

二、项目实训题

项目名称：Network 公司 Web 服务器的构建。

项目背景：

Network 公司的网络拓扑如图 10-33 所示。该公司拥有一台 DNS 服务器，域名部署已经完成；为提高网络服务器的带宽，将第二台服务器的两块网卡合并；第三台服务器模拟企业路由器，用于实现公司两个 VLAN 的互连；公司拥有 5 个业务系统，通过 3 台 Web 服务器发布。你是该公司的网络管理员，请按下列要求部署 Web 应用服务器。

- 第一台Web服务器用于发布公司的门户网站（静态），该网站的更新通过Serv-U服务更新。
- 第二台Web服务器用于发布公司的两个业务应用系统（ASP架构），这两个业务系统只允许通过域名访问。
- 第三台Web服务器用于发布公司的两个内部办公系统（ASP.NET架构），这两个业务系统必须通过不同IP地址访问，站点的访问带宽不能超过1MB/s。

项目要求：写出项目现象和项目结果，并对项目中出现的问题做出分析，提出解决办法。

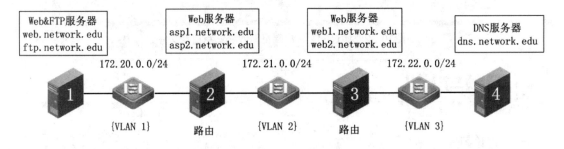

图10-33　Network公司的网络拓扑

项目11

NAT服务的配置

 项目描述

某公司向服务运营商（ISP）申请了 5 个公网 IP，目前获得这些公网 IP 的计算机已经可以联网，但更多的计算机和服务器都无法联网，因此公司决定改变公司网络拓扑，以便让公司的计算机和服务器都能联网。公司网络拓扑如图 11-1 所示。

公司希望基于 NAT 技术实现以下几个目标。

（1）通过 NAT 技术实现公司所有计算机共享这些 IP 接入互联网。

（2）能将当前运行在内网的公司网站发布到互联网上，允许员工和客户通过互联网访问。

（3）将公司内部资料服务器映射到互联网，允许网络管理员通过互联网进行远程管理。

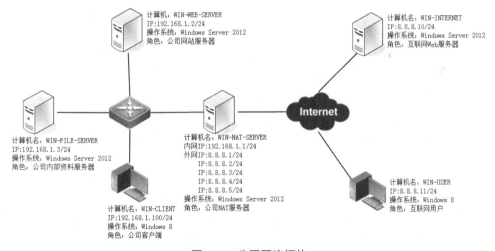

图11-1　公司网络拓扑

 项目分析

计算机访问互联网必须拥有一个公网的 IP 地址，同样互联网中的计算机访问企业计算机也需要企业计算机拥有一个公网的 IP 地址。公司内部计算机众多，通过 NAT 技术可以实现让多台计算机共享一个或多个公网 IP 接入互联网。

一般公司计算机接入互联网有 3 种类型。

- 类型1：接入互联网，可以访问互联网资源。

- 类型2：接入互联网，让互联网用户访问计算机的特定资源（如Web服务、FTP服务等）。
- 类型3：接入互联网，让互联网用户访问计算机的所有资源（完全映射上网）。

NAT 技术采用 4 种技术满足这些需求：动态 NAPT、静态 NAPT、静态 NAT 和动态 NAT。

动态 NAPT 对应类型 1，可以实现本任务的第一个需求；静态 NAPT 对应类型 2，可以实现本任务的第二个需求；静态 NAT 和动态 NAT 对应类型 3，可以实现本任务的第三个需求。

 相关知识

NAT 的英文全称是 "Network Address Translation"，即 "网络地址转换"，它是一个 IETF（Internet Engineering Task Force，Internet 工程任务组）标准，也是一种把内部私有网络地址转换成合法的外部公有网络地址的技术。

当今的 Internet 使用 TCP/IP 协议实现了全世界的计算机互连互通，每一台连入 Internet 的计算机要和其他计算机通信，都必须拥有一个唯一的、合法的 IP 地址，此 IP 地址由 Internet 管理机构（NIC）统一进行管理和分配。而 NIC 分配的 IP 地址称为公有的、合法的 IP 地址，这些 IP 地址具有唯一性，连入 Internet 的计算机只要拥有 NIC 分配的 IP 地址即可和其他计算机通信。

但是，由于当前 TCP/IP 协议版本是 IPv4，它具有天生的缺陷，就是 IP 地址数量不够多，难以满足目前爆炸性增长的 IP 需求。所以，不是每一台计算机都能申请并获得 NIC 分配的 IP 地址。一般而言，需要连上 Internet 的个人或家庭用户，通过 Internet 的服务提供商 ISP 间接获得合法的公有 IP 地址（例如用户通过 ADSL 线路拨号，从电信获得临时租用的公有 IP 地址）；对于大型机构而言，它们可能直接向 Internet 管理机构申请并使用永久的公有 IP 地址，也可能通过 ISP 间接获得永久或临时的公有 IP 地址。

由于无论是通过哪种方式获得公有的 IP 地址，实际上当前的可用 IP 地址数量依然不足。IP 地址作为有限的资源，NIC 要为网络中数以亿计的计算机都分配公有的 IP 地址是不可能的。同时，为了使计算机能够拥有 IP 地址并在专用网络（内部网络）中通信，NIC 定义了供专用网络内的计算机使用的专用 IP 地址。这些 IP 地址是在局部使用的（非全局的、不具有唯一性）、非公有的（私有的）IP 地址，这些 IP 地址的地址范围包括：

- A类地址为10.0.0.0～10.255.255.255 。
- B类地址为172.16.0.0～172.31.255.255。
- C类地址为192.168.0.0～192.168.255.255。

组织机构可根据自身园区网的大小及计算机数量的多少采用不同类型的专用地址范围或者它们的组合。但是，这些 IP 地址不可能出现在 Internet 上，也就是说源地址或目的地址为这些专有 IP 地址的数据包不可能在 Internet 上被传输，这样的数据包只能在内部专用网络中被传输。

如果专用网络的计算机要访问 Internet，则组织机构在连接 Internet 的设备上至少需要一个公有的 IP 地址，然后采用 NAT 技术，将内部专用网络的计算机的专用私有 IP 地址转换为公有 IP 地址，从而实现具有专用 IP 地址的计算机能够和 Internet 的计算机进行通信。如图 11-2 所示，通过 NAT 设备，能够将专用网络内的专用地址和公有地址（此地址可能是 NAT 设备上的 IP 地址，也可能是其他公有 IP 地址）互相转换，从而实现专用网络内使用专用地址的计算机和 Internet 的计算机通信。

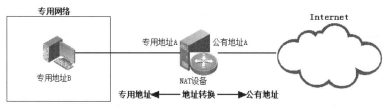

图11-2 NAT地址转换示意图

也可以说，NAT 就是将网络地址从一个地址空间转换到另一个地址空间的一种技术，它的实现方法有 3 种类型：软件 NAT、硬件防火墙 NAT、硬件路由器 NAT。

从技术原理的角度上来讲，NAT 分成 4 种类型：静态 NAT、动态 NAT、静态 NAPT 及动态 NAPT。

1. 静态 NAT 的工作原理

所谓静态 NAT，就是按照一一对应的方法将每个内部专用 IP 地址转换为一个外部公有 IP 地址，这种方式常用于内部计算机需要能够被外部网络访问的情况。

静态 NAT 的工作原理如图 11-3 所示。专用网络中采用 192.168.1.0/24 的 C 类专用地址，专用网络采用带有 NAT 功能的路由器和 Internet 互连，路由器左网卡连接着内部专用网络（左 IP 是 192.168.1.1/24），右网卡连接着互联网（右 IP 是 111.111.111.1/24），而且路由器还有两个公有的 IP 地址可被转换使用（111.111.111.2/24 和 111.111.111.3/24），互联网上的计算机 C 的 IP 地址是 111.111.111.111/24。假设专用网络的计算机 B 需要和互联网的计算机 C 通信。

第一步：计算机 B 发送源 IP 地址（Source Address，SA）为 192.168.1.101 的数据包给计算机 C。

第二步：数据包经过边界路由器的时候，路由器采用 NAT 技术，将数据包的源地址（192.168.1.101）转换为公有 IP 地址（111.111.111.3）。NAT 路由器上有 3 个公有的 IP 地址，分别是 111.111.111.1/24、111.111.111.2/24 及 111.111.111.3/24。在本次通信前，网络管理员已经在 NAT 路由器上做了静态 NAT 地址映射关系，指定 192.168.1.100 与 111.111.111.2 一一对应，指定 192.168.1.101 与 111.111.111.3 一一对应，而 111.111.111.1 则保留给路由器本身连接互联网的接口使用。表达映射关系的对应表会在静态 NAT 配置后始终存在于 NAT 路由器中。

第三步：源地址为 111.111.111.3 的数据包在 Internet 上流动，最终被互联网的计算机 C 接收。

第四步：计算机 C 收到源地址为 111.111.111.3 的数据包后，将响应内容封装在目的地址（Destination Address，DA）为 111.111.111.3 的数据包中，然后将数据包发送出去。

第五步：目的地址为 111.111.111.3 的数据包最终经过 Internet 的路由及转发，到达连接专用网络的带 NAT 的边界路由器上，边界路由器对照 NAT 映射表找出对应关系，将目的地址为 111.111.111.3 的数据包转换为目的地址为 192.168.1.101 的数据包，然后发送到内部专用网络中。

第六步：目的地址为 192.168.1.101 的数据包在专用网络中传送，最终到达计算机 B。计算机 B 通过数据包的源地址知道此数据包是 Internet 上的计算机 C 发送过来的，因为源地址是 111.111.111.111。

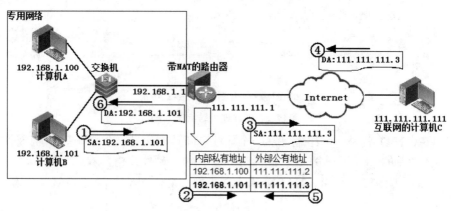

图11-3　静态NAT的工作原理

静态 NAT 主要用于专用网络内的计算机需要对 Internet 服务的情况，因为 Internet 的计算机可以通过固有的映射关系上的公有 IP 地址直接对内网的服务器进行寻址，能够找到内网的服务器。这种应用的映射关系的最大特点就是永久的一对一 IP 映射关系。在静态 NAT 的情况下，公有 IP 地址肯定不止一个，但是由于公有 IP 地址很珍贵，其数量一般只会有少数几个，这几个少数的 IP 地址仅供内网的几台服务器对外服务使用。

2．动态 NAT 的工作原理

所谓动态 NAT，就是将一个内部 IP 地址转换为一组外部 IP 地址（地址池）中的一个 IP 地址（公有地址）。动态 NAT 和静态 NAT 在地址转换上很相似，只是可用的公有 IP 地址不是被某个专用网络的计算机所永久独自占有。

动态 NAT 的工作原理如图 11-4 所示。网络结构和图 11-3 一样，只是这里是对带 NAT 的路由器做了动态 NAT 配置，路由器上含有公有 IP 地址池，地址池中有 5 个公有 IP 地址，它们是 111.111.111.1/24 ～ 111.111.111.5/24。假设专用网络的计算机 B 需要和互联网的计算机 C 通信，需要访问计算机 C 的网络服务。

第一步：计算机 B 发送源 IP 地址（Source Address，SA）为 192.168.1.101 的数据包给计算机 C。

第二步：数据包经过边界路由器的时候，路由器采用 NAT 技术，将数据包的源地址（192.168.1.101）转换为公有 IP 地址（111.111.111.2）。为什么会转换为 111.111.111.2？由于路由器上的地址池有多个公有 IP 地址，当需要进行地址转换时，路由器会在地址池中选择一个未被占用的地址来进行转换。这里假设 5 个地址都未被占用，路由器挑选了第一个未被占用的地址而已。如果紧接着计算机 A 要发送数据包到 Internet，则路由器会挑选第二个未被占用的 IP 地址，也就是 111.111.111.3 来进行转换。地址池中的公有 IP 地址的数量决定了可以同时访问 Internet 的内网计算机的数量，如果地址池中的 IP 地址都被使用了，那么内网的其他计算机就不能和 Internet 的计算机通信了。当内网计算机和外网计算机的通信连接完成后，路由器将释放被占用的公有 IP 地址，这样，被释放的 IP 地址又可以为其他内网计算机服务了。

第三步：源地址为 111.111.111.2 的数据包在 Internet 上流动，最终被互联网的计算机 C 接收。

第四步：计算机C收到源地址为111.111.111.2的数据包后，将响应内容封装在目的地址（Destination Address，DA）为111.111.111.2的数据包中，然后将数据包发送出去。

第五步：目的地址为111.111.111.2的数据包最终经过Internet的路由及转发，到达连接专用网络的带NAT的边界路由器上，边界路由器对照NAT映射表找出对应关系，将目的地址为111.111.111.2的数据包转换为目的地址为192.168.1.101的数据包，然后发送到内部专用网络中。

第六步：目的地址为192.168.1.101的数据包在专用网络中传送，最终到达计算机B。计算机B通过数据包的源地址知道此数据包是Internet上的计算机C发送过来的，因为源地址是111.111.111.111。

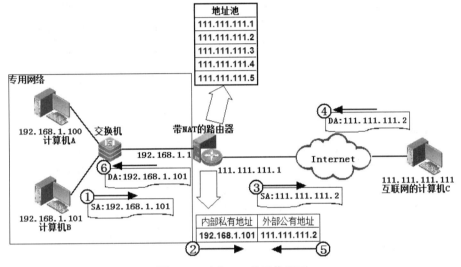

图11-4 动态NAT的工作原理

动态NAT主要用于内网计算机只需要访问外网服务而不需要对外网提供服务的情况，因为是临时的一对一IP地址映射关系，内网计算机没有对外的固定公有IP地址，因此不适合实现对外网提供服务。在动态NAT的情况下，内部计算机数一般大于全局IP地址数,但是，最多可访问外网的计算机数量取决于全局IP地址数。

3．动态NAPT的工作原理

所谓动态NAPT，就是以IP地址及端口号（TCP或UDP协议）为转换条件，将专用网络的内部私有IP地址转换成Internet的外部公有IP地址。在静态NAT和动态NAT中，都是"IP地址"到"IP地址"的转换关系,而动态NAPT则是"IP地址＋端口号"到"IP地址＋端口号"的转换关系。"IP地址"到"IP地址"的转换关系局限性很大，因为公网IP地址一旦被占用，内网的其他计算机就不能再使用被占用的公网IP地址出外网了。而"IP地址＋端口号"的转换关系则非常灵活，一个IP地址可以和多个端口进行组合（自由使用的端口号有几万个：1024～65535），所以，路由器上做的网络地址映射关系条目数量的组合可以非常多。

动态NAPT的工作原理如图11-5所示。网络结构和图11-3一样，只是这里是对带NAT的路由器做了动态NAPT配置，使得内网的计算机能够利用路由器的外网接口IP访问外网的计算机。假设专用网络的计算机B需要和互联网的计算机C通信，需要访问计算机C的Web服务。

第一步：计算机 B 发送数据包给计算机 C。数据包的源 IP 地址为 192.168.1.101，源端口号为 1128；数据包的目的 IP 地址为 111.111.111.111，目的端口号为 80（Web 服务器默认端口号是 80）。

第二步：数据包经过边界路由器的时候，路由器采用动态 NAPT 技术，以"IP 地址 + 端口号"为依据进行转换。数据包的源地址及源端口号将从 192.168.1.101:1128 转换为 111.111.111.1:1128，目的地址及目的端口号不变，仍然指向计算机 C 的 Web 服务。这里转换后的源 IP 地址为路由器在外网的接口 IP 地址，源端口号为路由器上未被使用的自由端口号，这里假设为 1128。当内网计算机和外网计算机的通信连接完成后，路由器将释放被占用的端口号，这样，被释放的端口号又可以为其他内网计算机服务了。

第三步：转换后的数据包在 Internet 上流动，最终被互联网的计算机 C 接收。

第四步：计算机 C 收到数据包后，将响应内容封装在目的地址为 111.111.111.1、目的端口号为 1128 的数据包中（源地址及源端口号为 111.111.111.111:80），然后将数据包发送出去。

第五步：响应数据包最终经过 Internet 的路由及转发，到达连接专用网络的带 NAT 的边界路由器上，边界路由器对照 NAPT 映射表，找出对应关系，将目的地址及目的端口号为 111.111.111.1:1128 的数据包转换为目的地址及目的端口号为 192.168.1.101:1128 的数据包，然后发送到内部专用网络中。

第六步：目的地址及目的端口号为 192.168.1.101:1128 的数据包在专用网络中传送，最终到达计算机 B。计算机 B 通过数据包的源地址及源端口号知道此数据包是 Internet 上的计算机 C 发送过来的，因为源地址及源端口号是 111.111.111.111:80。

动态 NAPT 主要用于内网计算机只需要访问外网服务而不需要对外网提供服务的情况，因为是临时的一对一"IP 地址 + 端口号"映射关系，所以内网计算机没有对外服务的固定的"公有 IP 地址 + 端口号"。当存在以下情况时，应用动态 NAPT 将是很好的解决方法：缺乏全局 IP 地址（只有少数几个，甚至只有一个）；没有专门申请的全局 IP 地址；只有一个连接 ISP 上 Internet 的全局 IP 地址，而内网要求上网的计算机数量很多。通过动态 NAPT，将内、外网相分隔，也在一定程度上提高了内网的安全性。

动态 NAPT 是最重要的一种 NAT 技术，目前被大量使用。在家庭网络或园区网中，由于出口路由器的公网 IP 地址只有一个，所以内网的大量计算机都是通过 NAPT 连接 Internet 的。

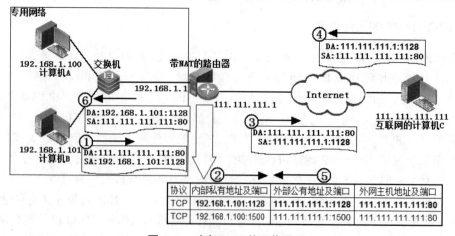

图11-5 动态NAPT的工作原理

4．静态 NAPT 的工作原理

所谓静态 NAPT，就是以"IP 地址 + 端口号"为转换依据，将内部网络的多个服务（一台主机或多台主机上的服务，如 FTP、HTTP 服务）发布到同一个公网地址上，并用不同的端口号来区别不同的内部服务。

静态 NAPT 的工作原理如图 11-6 所示。网络结构和图 11-3 一样，只是这里是对带 NAT 的路由器做了静态 NAPT 配置，使得外网的计算机能够利用路由器的外网接口 IP 地址访问内网计算机的服务。这里，内网计算机 A 对外提供 FTP 服务，计算机 B 对外提供 Web 服务。现假设互联网的计算机 C 需要访问计算机 B 的 Web 服务。

第一步：计算机 C 发送数据包给计算机 B。数据包的源 IP 地址为 111.111.111.111，源端口号为 1180；数据包的目的 IP 地址为 111.111.111.1，目的端口号为 80（Web 服务器默认端口号是 80）。

第二步：数据包经过边界路由器的时候，路由器采用静态 NAPT 技术，以"IP 地址 + 端口号"为依据进行转换。数据包的目的地址及目的端口号将从 111.111.111.1:80 转换为 192.168.1.101:80，源地址及源端口号不变，为 111.111.111.111:1180。这里转换后的目的 IP 地址为内网计算机 B 的 IP 地址，目的端口号为计算机 B 的 Web 服务端口号。这里的转换是由管理员预先定义好的，这里除了将内网计算机 B 的 Web 服务映射到外网以外，还将内网计算机 A 的 FTP 服务映射到外网。由于 FTP 服务是由两个端口号（21 和 20）组成的，所以，边界 NAT 路由器上对映射出外网的 FTP 服务需要做两个映射条目。

第三步：转换后的数据包在专用网络上流动，最终被计算机 B 接收。

第四步：计算机 B 收到数据包后，将响应内容封装在目的地址为 111.111.111.111、目的端口号为 1180 的数据包中（源地址及源端口号为 192.168.1.101:80），然后将数据包发送出去。

第五步：响应数据包经过路由及转发，将到达带 NAT 的边界路由器上，边界路由器对照静态 NAPT 映射表找出对应关系，将源地址及源端口号为 192.168.1.101:80 的数据包转换为源地址及源端口号为 111.111.111.1:80 的数据包，然后发送到 Internet 中。

第六步：目的地址及目的端口号为 111.111.111.111:1180 的数据包在 Internet 中传送，最终到达计算机 C。计算机 C 通过数据包的源地址及源端口号（111.111.111.1:80）知道这是它访问 Web 服务的响应数据包。但是，计算机 C 并不知道 Web 服务其实是由专用网络内的计算机 B 所提供的，它只知道这个 Web 服务是由 Internet 上 IP 地址为 111.111.111.1 的机器提供的。

静态 NAPT 主要用于内网需要向外网提供信息服务的计算机，它是一种永久的一对一"IP 地址 + 端口号"映射关系。静态 NAPT 适用于公网 IP 地址缺乏，但是又有内网服务对外服务需求的情况。要注意的是，如果只有一个公网 IP 地址可供转换，而内网又有多台需要提供同样服务（例如 Web 服务）的计算机，则必须用不同的端口号来对外服务。例如，如果计算机 A 也有对外提供的 Web 服务，那么它对外网的服务端口号就不能定义为 80 了，应该是别的未定义端口号，例如 8080。

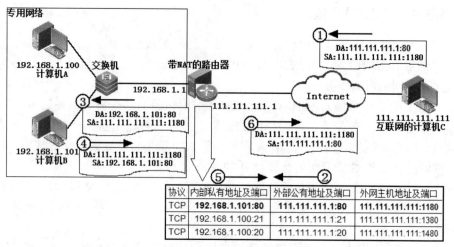

图11-6　静态NAPT的工作原理

任务11-1　动态NAPT的配置

 任务背景

公司向 ISP 申请了一条专线接入 Internet，并获得一个固定 IP 地址。为满足内网计算机接入互联网的需求，公司希望网络管理员在接入服务器（Windows Server 2012）上部署 NAT 服务，实现内、外计算机通过动态 NAPT 访问互联网。公司网络拓扑如图 11-7 所示（简化了内、外网计算机）。

图11-7　公司网络拓扑

 任务分析

为实现所有计算机上网，系统管理员搭建了一台 NAT 服务器，NAT 服务器安装了 Windows Server 2012 系统，通过配置动态 NAPT 服务，实现内网地址和外网地址的动态转换，从而实现内网计算机都能够访问外网。

 任务操作

1. NAT 服务的安装

（1）在【服务器管理器】主窗口下，单击【添加角色和功能】，如图 11-8 所示。

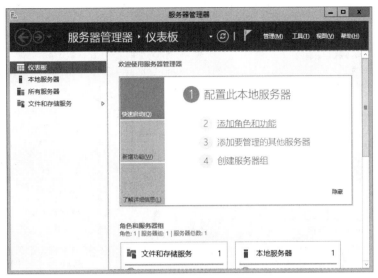

图11-8　添加角色和功能

（2）在【选择安装类型】中选择【基于角色或基于功能的安装】，单击【下一步】按钮。

（3）在【选择目标服务器】中保持默认配置并单击【下一步】按钮。

（4）在服务器角色列表中，选择【远程访问】服务，单击【下一步】按钮，如图11-9所示。

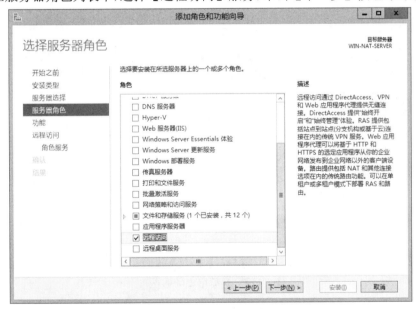

图11-9　添加远程访问角色

（5）在【选择功能】中保持默认配置并单击【下一步】按钮。

（6）在【远程访问】中保持默认配置并单击【下一步】按钮。

（7）在【角色服务】中选择【DirectAccess 和 VPN（RAS）】和【路由】两个角色，并在弹出的配套服务对话框中单击【添加功能】按钮，然后单击【下一步】按钮，如图11-10 和图 11-11 所示。

图11-10 选择路由角色

图11-11 添加所需的功能

（8）在【Web 服务器角色（IIS）】中保持默认配置并单击【下一步】按钮。

（9）在【角色服务】中保持默认配置并单击【下一步】按钮。

（10）在【确认】界面中确认安装所选内容，单击【安装】按钮开始安装，如图 11-12 所示。

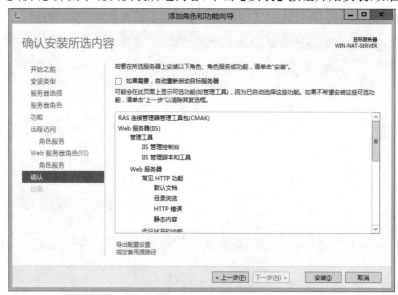

图11-12 添加角色确认界面

（11）安装完成后，结果如图 11-13 所示。

图11-13 远程访问角色安装成功

2. 动态 NAPT 的配置

（1）在【服务器管理器】主窗口下，单击【工具】→【路由和远程访问】命令，打开【路由和远程访问】窗口，如图 11-14 所示。

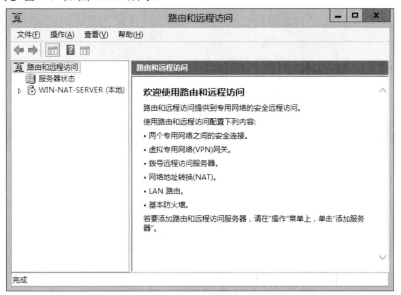

图11-14 路由远程访问主窗口

（2）在控制台树中，右击【WIN-NAT-SERVER（本地）】，在弹出的快捷菜单中选择【配置并启用路由和远程访问】命令，启用 NAT 服务，如图 11-15 所示。

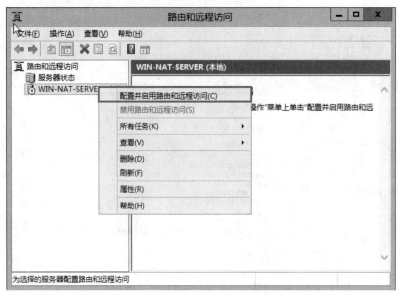

图11-15　配置并启用路由和远程访问

（3）在弹出的【路由和远程访问服务器安装向导】中单击【下一步】按钮。

（4）选择【网络地址转换（NAT）】并单击【下一步】按钮，如图11-16所示。

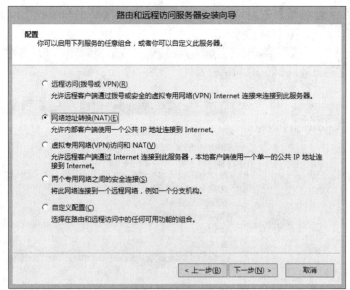

图11-16　新建NAT

（5）选择外网的网卡并单击【下一步】按钮，如图11-17所示。

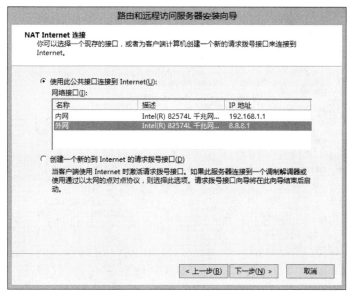

图11-17 选择NAT外网接口

（6）选择【启用基本的名称和地址服务】并单击【下一步】按钮，如图 11-18 所示。

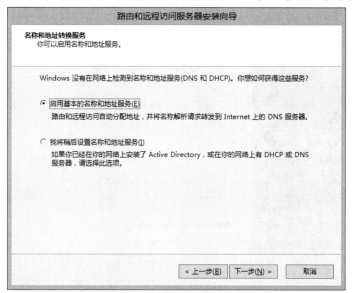

图11-18 启用基本的名称和地址服务

（7）在【地址分配范围】界面中单击【下一步】按钮，如图 11-19 所示。

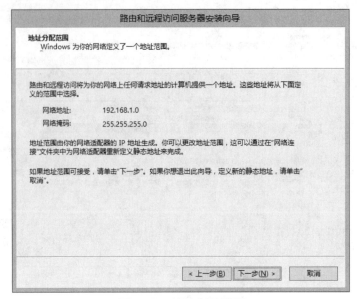

图11-19　地址分配范围

（8）单击【完成】按钮，完成 NAT 的配置向导，如图 11-20 所示。

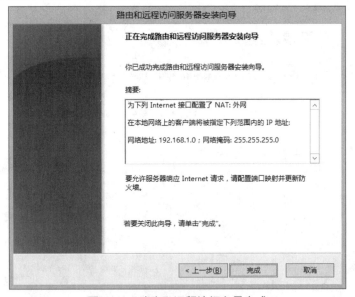

图11-20　路由和远程访问向导完成

 任务验证

在完成动态 NAPT 的配置之后，接下来测试公司客户端能否访问外网，以及能否浏览外网网页。

（1）在公司客户端（WIN-CLIENT）配置 IP 地址和网关，网关指向 NAT 服务器，如图 11-21 所示。

Internet 协议版本 4 (TCP/IPv4) 属性
常规
如果网络支持此功能，则可以获取自动指派的 IP 设置。否则，你需要从网络系统管理员处获得适当的 IP 设置。
自动获得 IP 地址(O)
使用下面的 IP 地址(S):
IP 地址(I):
192 . 168 . 1 . 100
子网掩码(U):
255 . 255 . 255 . 0
默认网关(D):
192 . 168 . 1 . 1
自动获得 DNS 服务器地址(B)
使用下面的 DNS 服务器地址(E):
首选 DNS 服务器(P):
备用 DNS 服务器(A):
退出时验证设置(L)
高级(V)...
确定
取消

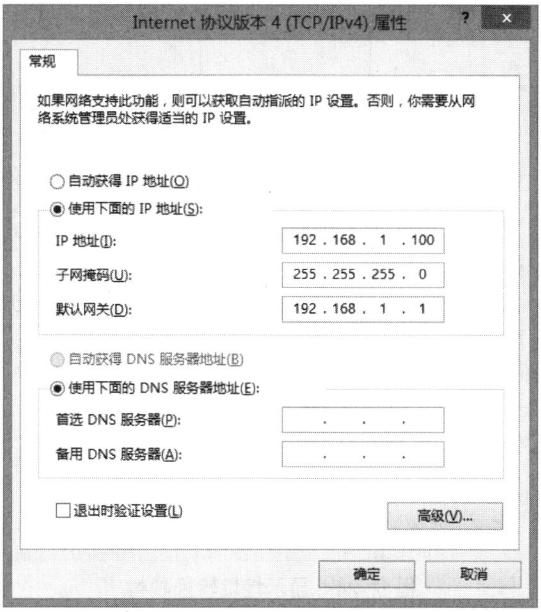

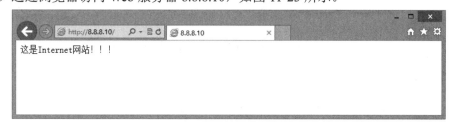

图11-21　客户端IP地址和网关设置

（2）直接 Ping 互联网的 Web 服务器 8.8.8.10，如图 11-22 所示。

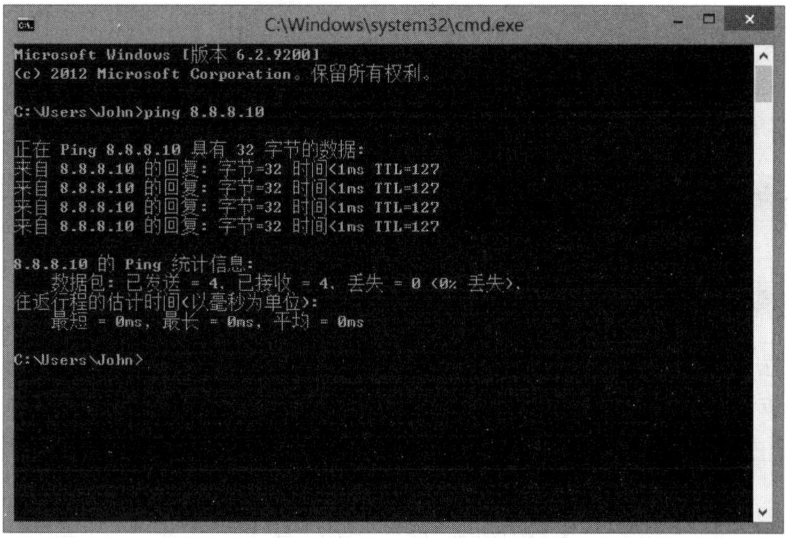

C:\Windows\system32\cmd.exe
Microsoft Windows [版本 6.2.9200]
(c) 2012 Microsoft Corporation。保留所有权利。
C:\Users\John>ping 8.8.8.10
正在 Ping 8.8.8.10 具有 32 字节的数据:
来自 8.8.8.10 的回复: 字节=32 时间<1ms TTL=127
来自 8.8.8.10 的回复: 字节=32 时间<1ms TTL=127
来自 8.8.8.10 的回复: 字节=32 时间<1ms TTL=127
来自 8.8.8.10 的回复: 字节=32 时间<1ms TTL=127
8.8.8.10 的 Ping 统计信息:
数据包: 已发送 = 4，已接收 = 4，丢失 = 0 (0% 丢失)，
往返行程的估计时间(以毫秒为单位):
最短 = 0ms，最长 = 0ms，平均 = 0ms
C:\Users\John>

图11-22　测试Ping互联网服务器

（3）通过浏览器访问 Web 服务器 8.8.8.10，如图 11-23 所示。

http://8.8.8.10/
8.8.8.10
这是Internet网站！！！

图11-23　浏览互联网网站

（4）回到 NAT 服务器，在【外网】接口的右键菜单中选择【显示映射】命令，查看地址映射，如图 11-24 所示。

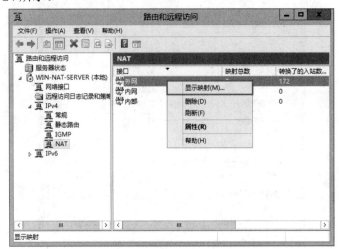

图11-24　显示地址转换映射

（5）从如图 11-25 所示的表格中可以清楚地看出地址转换。

协议	方向	专用地址	专用端口	公用地址	公用端口	远程地址	远程端口	空闲时间
TCP	出站	192.168.1.100	49,266	8.8.8.1	62,956	8.8.8.10	80	3
TCP	出站	192.168.1.100	49,267	8.8.8.1	62,957	8.8.8.10	80	4

图11-25　显示地址转换映射表

任务11-2　静态NAPT的配置

任务背景

公司通过动态 NAPT 技术实现了所有计算机与互联网的通信，但公司网站服务器上发布的门户网站内网用户可以访问而外网用户却无法访问。公司希望网络管理员部署静态 NAPT 实现客户和员工在互联网访问公司门户网站，简化后的公司网络拓扑如图 11-26 所示。

图11-26　静态NAPT的部署

任务分析

为了能够实现互联网上的用户访问公司网站，需要将网站地址永久映射成外网地址，这样互联网中的计算机才能通过访问该外网地址来访问公司的网站。

对于网站服务，在本任务中需要映射的内网地址为 http://192.168.1.2:80。由于任务 11-1 部署的动态 NAPT 并不能指定内网映射地址，因此需要运用静态 NAT 技术实现内外网地址的静态映射。根据本章中前序知识可知，如果公司拥有多个富余的固定公网 IP 地址，则可以用 IP 地址 ~IP 地址的映射（静态 NAT）；如果没有富余的公网 IP 地址，则只能通过"IP 地址＋端口号"~"IP 地址＋端口号"的映射（静态 NAPT）。

综上所述，在本任务中公司只有一个公网固定 IP 地址，因此可以通过配置静态 NAPT 实现将内网的 Web 服务映射为公网固定地址。

 任务操作

（1）在【服务器管理器】主窗口下，单击【工具】→【路由和远程访问】命令，打开【路由和远程访问】窗口，如图 11-27 所示。

图11-27　路由和远程访问

（2）在控制台树中，依次展开【WIN-NAT-SERVER（本地）】→【IPv4】，然后单击【NAT】，在右边的【外网】接口的右键菜单中选择【属性】命令，如图 11-28 所示。

图11-28　NAT外网接口选择属性

（3）在弹出的【外网 属性】对话框中选择【服务和端口】选项卡，选择需要映射的【Web
服务器 (HTTP)】，在弹出的对话框中输入 Web 服务器的 IP 地址，如图 11-29 所示。

图11-29　Web映射配置

 任务验证

在完成静态 NAPT 的配置之后，可以通过互联网中的计算机测试公司网站的访问情况，
也可以通过监视 NAT 服务器的链接映射来查看是否有访问记录。

（1）在互联网客户端（WIN-USER）配置 IP 地址，如图 11-30 所示。

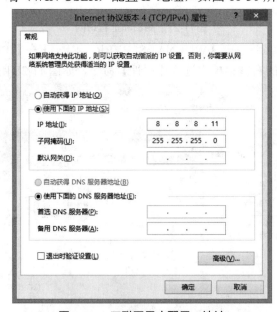

图11-30　互联网用户配置IP地址

（2）使用浏览器访问公司网站，地址是 8.8.8.1，如图 11-31 所示。

图11-31 访问公司网站

（3）回到 NAT 服务器，在【外网】接口的右键菜单中选择【显示映射】命令，查看地址映射，如图 11-32 所示。

图11-32 显示地址转换映射

弹出的网络地址转换会话映射表格视图验证了本任务的成功完成，如图 11-33 所示。

协议	方向	专用地址	专用端口	公用地址	公用端口	远程地址	远程端口	空闲时间	
TCP	入站	192.168.1.2	80	8.8.8.1	80	8.8.8.11	49,270	5	

图11-33 网络地址转换映射表

任务11-3 静态NAT的配置

 任务背景

公司希望将内部资料服务器映射到互联网，并允许网络管理员通过互联网进行远程管理。由于该服务器比较重要，公司希望该服务器对应的公网 IP 地址固定不变。简化后的公司网络拓扑如图 11-34 所示。

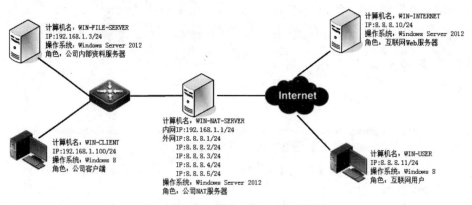

图11-34　简化后的公司网络拓扑

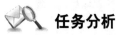

任务分析

公司共向服务运营商申请了 5 个 IP 地址，因此网络管理员可以将这 5 个 IP 地址放置到一个 IP 地址池中。

如果公司拥有大量的公网 IP 地址，并且需要接入互联网的计算机不多于公网 IP 地址数量，那么可以采用动态 NAT 技术。在本任务中，由于内网计算机需要上网的数量远大于公司拥有的公网 IP 地址数，因此只能采用动态 NAPT 技术。针对任务 11-3，公司的内部资料服务器需要一个固定的公网 IP，因此可以运用静态 NAT 技术来部署以满足公司业务需求，余下的 4 个 IP 地址用于满足公司内网计算机接入互联网的需求。

任务操作

（1）打开在公司 NAT 服务器的【网络连接】管理窗口，在本地连接接口【外网】的右键菜单中选择【属性】命令，打开【外网 属性】配置对话框。

（2）在【外网 属性】配置对话框中选中【Internet 协议版本 4（TCP/IPv4）】项目，并单击【属性】按钮，打开【Internet 协议版本 4（TCP/IPv4）属性】配置对话框，如图 11-35 所示，然后单击【高级】按钮，进入【高级 TCP/IP 设置】对话框。

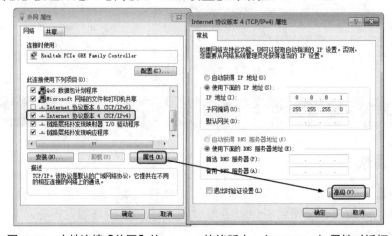

图11-35　本地连接【外网】的 Internet 协议版本 4（TCP/IPv4）属性对话框

（3）在如图 11-36 所示的【高级 TCP/IP 设置】对话框中单击【添加】按钮，并在弹出的【TCP/IP 地址】对话框中输入公网 IP 地址 8.8.8.2 和子网掩码 255.255.255.0，然后单击【添加】按钮完成该地址的配置。重复该过程，完成 8.8.8.3~8.8.8.5 的配置，最后单击【确定】按钮，完成本地连接【外网】的 TCP/IP 配置。

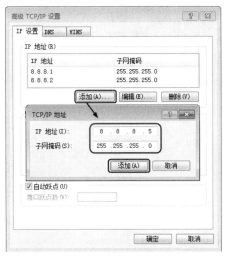

图11-36　本地连接【外网】的高级TCP/IP设置对话框

（4）在本地连接接口【外网】的右键菜单中选择【状态】命令，在弹出的【网络连接详细信息】对话框中可以看到公网的 5 个 IP 都已经成功配置在该接口上，如图 11-37 所示。

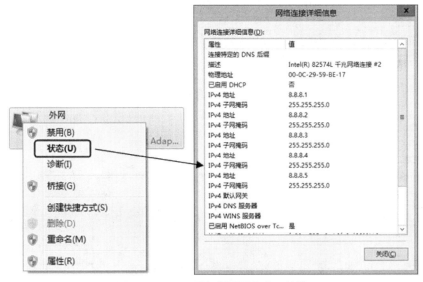

图11-37　NAT服务器配置多个IP地址

（5）在【服务器管理器】主窗口下，单击【工具】→【路由和远程访问】命令，打开【路由和远程访问】主窗口。

（6）在控制台树中，依次展开【WIN-NAT-SERVER(本地)】→【IPv4】→【NAT】，然后在右侧的【NAT】接口列表中选择接入外网的接口，在该接口的右键菜单中选择【属性】命令，打开该接口的属性对话框，如图 11-38 所示。

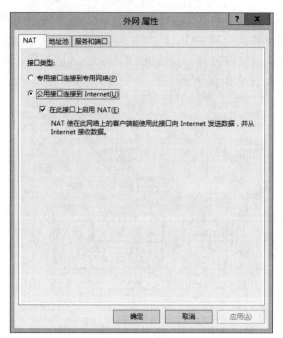

图11-38　打开【外网 属性】对话框

（7）选择【地址池】选项卡，单击【添加】按钮（见图 11-39（a）），在弹出的对话框从输入从服务运营商处申请的公网 IP 地址并单击【确定】按钮，配置过程如图 11-39（b）所示。

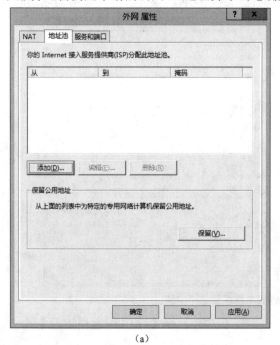

（a）

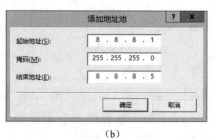

（b）

图11-39　配置地址池

（8）添加完 IP 地址之后，单击对话框中的【保留】按钮，将弹出【地址保留】对话框，如图 11-40 所示。

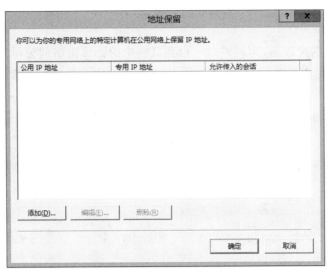

图11-40　配置地址保留

（9）单击【添加】按钮，弹出【添加保留】对话框。在【保留此公用 IP 地址】文本框中输入"8.8.8.5"，在【为专用网络上的计算机】文本框中输入"192.168.1.3"，选中【允许将会话传入到此地址】复选框。这样，就为公司内部资料服务器建立了静态 NAT 地址映射关系，如图 11-41（a）所示。单击【确定】按钮，返回到【地址保留】对话框（见图 11-41（b））；再单击【确定】按钮，返回到【外网属性】对话框；再单击【确定】按钮，完成静态 NAT 的配置。

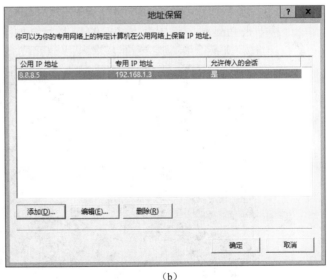

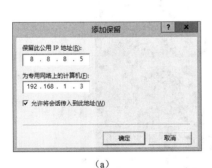

（a）　　　　　　　　　　　　　　　　　　　　（b）

图11-41　配置需要保留的地址

　　注意：选中【允许将会话传入到此地址】复选框，则表示外网计算机可以首先与内网计算机建立连接，以访问内网计算机的服务。如果未选中此复选框，则表示外网计算机不能首先与内网计算机建立连接，不能直接访问内网计算机的服务，除非内网计算机先和外网计算机建立了连接，外网计算机才能和内网计算机通信。

任务验证

完成任务 11-3 的配置后，可以通过一台互联网中的计算机访问公司内部资料服务器（例如，服务器网站、远程登录等），也可以在 NAT 服务器上查看地址映射表。

（1）在互联网客户端（WIN-USER）配置 IP 地址，如图 11-42 所示。

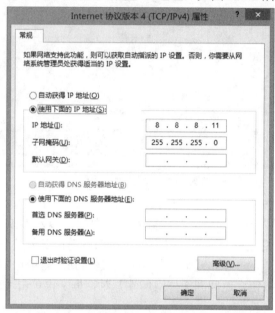

图11-42　互联网用户配置IP地址

（2）接下来 Ping 一下设置静态映射的 IP 地址，如图 11-43 所示。

图11-43　测试Ping映射后的公司资料服务器

在 Ping 公司内部资料服务器的映射 IP 地址时，返回的 TTL 值为 126，表示经由一台路由器转发（TTL 原值为 127）。

（3）使用浏览器访问公司资料服务器，如图 11-44 所示。

图11-44 浏览资料服务器网站

（4）使用远程管理工具远程管理公司资料服务器，如图11-45所示。

图11-45 远程管理公司资料服务器

（5）回到NAT服务器，在【外网】接口的右键菜单中选择【显示映射】命令，查看地址映射，如图11-46所示。

图11-46 显示地址转换映射

从如图 11-47 所示的地址映射表格可以清楚地看出互联网客户端和内网服务器的多条映射关系。

WIN-NAT-SERVER - 网络地址转换会话映射表格								
协议	方向	专用地址	专用端口	公用地址	公用端口	远程地址	远程端口	空闲时间
TCP	入站	192.168.1.3	3,389	8.8.8.5	3,389	8.8.8.11	49,216	7
TCP	入站	192.168.1.3	80	8.8.8.5	80	8.8.8.11	49,217	3
TCP	入站	192.168.1.3	80	8.8.8.5	80	8.8.8.11	49,218	5

图11-47　显示地址转换映射表

习题与上机

一、理论习题

1. 网络地址转换从工作原理的角度上进行类型划分，有以下 4 种类型：＿＿＿＿＿＿、＿＿＿＿＿＿、＿＿＿＿＿＿、＿＿＿＿＿＿。

2. 能实现网络地址转换的设备有 ＿＿＿＿＿＿、＿＿＿＿＿＿、＿＿＿＿＿＿。

3. NAPT 的英文全称是 ＿＿＿＿＿＿＿＿＿＿＿＿＿＿＿＿＿＿＿。

4. 在 Windows Server 2012 中，应该为连接到内网的网卡配置 ＿＿＿＿＿＿＿＿＿＿＿＿＿＿＿＿ 接口类型。

5. NAT 技术在一定程度上解决了 ＿＿＿＿＿＿＿＿＿ 不足的问题。

二、项目实训题

项目一：动态 NAPT 实训。

项目背景：NAT 服务器连接 3 个网络，一个外网，两个内网。

项目目的：配置 NAT 服务器的动态 NAPT 功能，使得内网计算机可以访问外网计算机。要求如下。

- 设计网络并画出网络拓扑图。
- 为内网计算机配置好网络参数。
- 为外网计算机配置好网络参数。
- 为NAT服务器配置好网络参数。
- 开启动态NAPT功能，使得内网计算机可以访问外网计算机。

项目二：静态 NAPT 实训。

项目背景：NAT 服务器连接两个网络，一个外网，一个内网。

项目目的：配置 NAT 服务器的静态 NAPT 功能，使得外网计算机可以访问其中一台内网计算机的 FTP 服务。

要求如下。

- 设计网络并画出网络拓扑图。
- 为内网计算机配置好网络参数。

- 为外网计算机配置好网络参数。
- 为NAT服务器配置好网络参数。
- 开启静态NAPT功能，使得外网计算机可以访问内网计算机的FTP。

三、综合项目实训题

项目名称：NAT 服务器的构建。

项目内容：

（1）根据网络拓扑图（见图 11-48）配置网络项目环境，给各计算机配置 IP 地址、DNS、路由等实现相互通信（2 号机桥接）。

（2）1 号机基于端口号创建两个 Web 站点，2 号机创建 FTP（Serv-U）站点。

（3）3 号机配置 NAT，实现以下 IP 地址转换为 NAPT：IP3_1:80~IP1:80 &IP3_1:1111 ~ IP1:8888；NAT：IP3_2 ～ IP2。

项目要求：写出项目现象和项目结果，并对项目中出现的问题做出分析，提出解决办法。

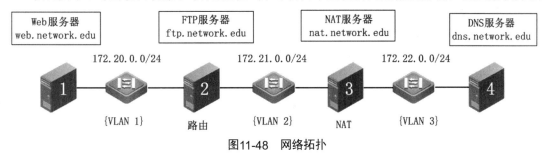

图11-48 网络拓扑

邮件服务的配置

 项目描述

公司目前同客户的邮件沟通都采用个人邮箱，由于公司员工岗位变动频繁，客户经常抱怨和公司的邮件沟通经常由于邮件地址更换而导致信息交互不便。

公司希望架设私有邮件服务系统，统一邮件服务地址，实现岗位与企业邮件系统的对接，这样人事变动就不会影响客户与公司的邮件沟通。公司邮件系统网络拓扑结构如图12-1所示。

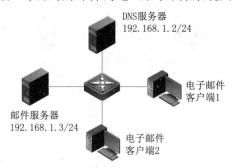

图12-1 公司邮件系统网络拓扑结构

 项目分析

电子邮件服务需要在服务器上安装电子邮件服务器，目前被广泛采用的服务器产品有WinWebMail、Microsoft Exchange、Microsoft POP3、SMTP 等。同时由于邮件服务器是基于域名的服务，因此邮件服务器还需要在 DNS 服务器上注册。

对于该项目，网络管理员可以在 Windows Server 2012 服务器上安装 POP3 和 SMTP 角色和功能实现邮件服务的部署，同时通过在 DNS 服务器上注册实现邮件服务。也可以在 Windows Server 2012 服务器上安装第三方邮件服务软件（如 WinWebMail）实现邮件服务的部署，同时通过在 DNS 服务器上注册实现邮件服务。

本项目将在任务 12-1 中，在 Windows Server 2012 服务器上安装 POP3 和 SMTP 角色和功能实现邮件服务的部署，同时通过在 DNS 服务器上注册实现邮件服务。

在任务 12-2 中，在 Windows Server 2012 服务器上安装 WinWebMail 实现邮件服务的部署，同时通过在 DNS 服务器上注册实现邮件服务。

相关知识

电子邮件系统是互联网上最重要的服务，很多用户没有用过 BBS、没有自己的主页，但几乎都会拥有一个自己的电子邮件地址，电子邮件为人们的沟通增加了许多便利。大量的商业网络或 Internet 服务提供商（ISP）可以使用户在世界范围内收发电子邮件。

1．POP3 服务与 SMTP 服务

（1）POP3 服务

POP3 服务是一种检索电子邮件的电子邮件服务。管理员可以使用 POP3 服务存储和管理邮件服务器上的电子邮件账户。

在邮件服务器上安装 POP3 服务后，用户可以使用支持 POP3 协议的电子邮件客户端（如 Microsoft Outlook）连接到邮件服务器，并将电子邮件检索到本地计算机。POP3 服务与简单邮件传输协议（SMTP）服务一起使用，后者用于发送传出电子邮件。

（2）SMTP 服务

简单邮件传输协议（Simple Mail Transfer Protocol，SMTP）是 TCP/IP 协议簇的成员，用于管理邮件传输代理之间进行的电子邮件交换，并作为电子邮件服务的一部分与 POP3 服务一起安装。SMTP 帮助每台计算机在发送或中转信件时找到下一个目的地，通过 SMTP 协议所指定的服务器，就可以把电子邮件寄到收信人的服务器上。

SMTP 服务自动安装在安装了 POP3 服务的计算机上，从而允许用户发送传出电子邮件。使用 POP3 服务创建一个域时，该域也被添加到 SMTP 服务中，以允许该域的邮箱发送传出电子邮件。邮件服务器的 SMTP 服务接收传入邮件，并将电子邮件传送到邮件存储区。

2．电子邮件系统及其工作原理

（1）电子邮件系统概述

电子邮件系统由 3 个组件组成：POP3 电子邮件客户端、简单邮件传输协议（SMTP）服务及 POP3 服务。SMTP 控制如何传送电子邮件，然后通过 Internet 将其发送到目的服务器。SMTP 服务在服务器之间发送和接收电子邮件，而 POP3 服务将电子邮件从邮件服务器检索到用户的计算机上。电子邮件系统组件描述如表 12-1 所示。

表12-1 电子邮件系统组件描述表

组件	描述
POP3 电子邮件客户端	POP3电子邮件客户端是用于读取、撰写及管理电子邮件的软件。 POP3电子邮件客户端从邮件服务器检索电子邮件，并将其传送到用户的本地计算机上，然后由用户进行管理。例如，Microsoft Outlook Express 就是一种支持 POP3 协议的电子邮件客户端
SMTP 服务	SMTP 服务是使用 SMTP 协议将电子邮件从发件人路由到收件人的电子邮件传输系统。 POP3 服务使用 SMTP 服务作为电子邮件传输系统。用户在 POP3 电子邮件客户端撰写电子邮件，当用户通过 Internet 或网络连接来连接到邮件服务器时，SMTP 服务将提取电子邮件，并通过 Internet 将其传送到收件人的邮件服务器
POP3 服务	POP3 服务是使用 POP3 协议将电子邮件从邮件服务器下载到用户本地计算机上的电子邮件检索系统。 用户的 POP3 电子邮件客户端和存储电子邮件的服务器之间的连接是由 POP3 协议控制的

（2）电子邮件系统的工作原理

下面以如图 12-2 所示的案例为背景，详细说明电子邮件系统的工作原理。

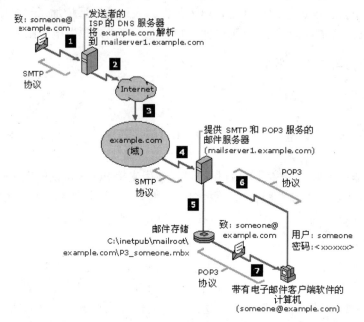

图12-2　电子邮件系统案例

步骤 1：将电子邮件发送到 someone@example.com。

步骤 2：SMTP 服务提取该电子邮件，并将其发送到 Internet。

步骤 3：将电子邮件域（即 example.com）解析成 Internet 上的邮件服务器（即 mailServer1.example.com）。mailserver1.example.com 是运行 POP3 服务的邮件服务器，该服务器为电子邮件域 example.com 接收传入的电子邮件。

步骤 4：someone@example.com 的电子邮件由 mailServer1.example.com 接收。

步骤 5：mailserver1.example.com 将邮件转到邮件存储目录，该目录用于存储 someone@example.com 的电子邮件。

步骤 6：用户"someone"连接到运行 POP3 服务的邮件服务器来检查电子邮件。POP3 协议传输用户"someone"的用户和密码身份验证凭据。POP3 服务验证这些凭据，然后决定接受或拒绝该连接。

步骤 7：如果连接成功，用户"someone"所有的电子邮件（存储在邮件存储区）将从邮件服务器下载到该用户的本地计算机上。通常该邮件会从邮件存储区删除。

任务12-1　电子邮件服务的安装及配置

 任务背景

针对本任务，运用 Windows Server 2012 服务器上 POP3、SMTP 服务的角色和功能实现邮件服务的部署。

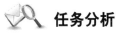 **任务分析**

运用 Windows Server 2012 服务器上 POP3、SMTP 服务的角色和功能实现邮件服务的部署，需要通过以下几个步骤完成。

（1）安装 POP3、SMTP 服务的角色和功能。

（2）配置邮件服务器，并创建用户。

（3）为邮件服务器注册 DNS。

（4）用不同用户在客户端测试邮件收发。

 任务操作

1. 安装 POP3、SMTP 的角色和功能

（1）在【服务器管理器】主窗口的【角色摘要】下，单击【添加角色】按钮。

（2）在【添加角色向导】中，单击【下一步】按钮。

（3）在服务器角色列表中，选择【Web 服务器 (IIS)】服务，再单击【下一步】按钮。

（4）在【功能】界面中，选择【SMTP 服务器】服务，再单击【下一步】按钮。

（5）在【Web 服务器 (IIS)】界面中，直接单击【下一步】按钮。

（6）在【确认】界面中，单击【安装】按钮，安装完成后单击【关闭】按钮。

（7）在【服务器管理器】主窗口中，单击【工具】按钮，再单击【Internet 信息服务 (IIS) 6.0 管理器】，打开【Internet Information Services (IIS) 6.0 管理器】主窗口，找到【SMTP Virtual Server #1】，右击，选择【属性】命令，如图 12-3 所示。

（8）在【[SMTP Virtual Server #1] 属性】对话框中，IP 地址选 192.168.1.3，如图 12-4 所示，其他按默认设置即可，单击【确定】按钮保存设置。

图12-3　SMTP

图12-4　[SMTP Virtual Server #1]属性

（9）右击【域】，选择【新建】→【域】命令，如图 12-5 所示。

图12-5　新建域

（10）在【新建 SMTP 域向导】中，选择【别名】，单击【下一步】按钮，【名称】输入"network.com"，再单击【完成】按钮。

2．配置邮件服务器，并创建用户

由于 Windows Server 2012 没有集成 POP3 服务，POP3 服务器需到网上下载，下载地址为 http://www.visendo.com/visendodownloads.aspx，将 VisendoSMTPExtender_plus_x64.msi 下载安装。

（1）安装 VisendoSMTPExtender_plus 比较简单，采用默认设置即可。

（2）打开 SMTP Extender Admin，如图 12-6 所示。

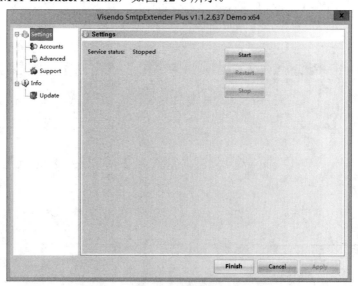

图12-6　VisendoSMTPExtender_plus

（3）单击【Accounts】，出现账号创建窗口，选择【Single account】单选项，在【E-Mail address】输入"user1@network.com"，密码设置为 123，如图 12-7 所示，单击【完成】按钮完成账号创建。按同样的方法，创建 user2@network.com 账号，密码设置为 456。

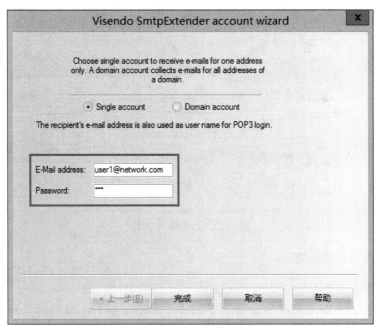

图12-7 创建账号

（4）切换到【Settings】并单击【Start】按钮，启动 POP3 服务，单击【Finish】按钮完成设置，如图 12-8 所示。

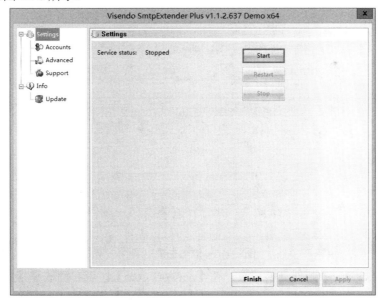

图12-8 启动POP3服务

（5）在【服务器管理器】主窗口中，单击【工具】按钮，再单击【服务】，打开【服务】主窗口，找到【简单邮件传输协议 (SMTP)】服务和【Visendo SMTP Extender Service】服务，查看其是否为正在运行状态，如图 12-9 所示。

图12-9　查看服务状态

3．为邮件服务器注册 DNS

（1）在 IP 地址为 192.168.1.2 的 DNS 服务器上注册 DNS 记录。

（2）在 DNS 服务器【DNS 管理器】下的【network.com】区域右键选择【新建主机 (A 或 AAAA)】命令，【名称】为 mail，【IP 地址】为 192.168.1.3，如图 12-10 所示。

图12-10　添加主机记录

（3）需要再添加一条邮件交换记录，在【network.com】区域右键选择【新建邮件交换器 (MX)】命令，在【邮件服务器的完全限定的域名 (FQDN)】下浏览选择 mail.network.com 完成邮件交换记录的添加，如图 12-11 所示。

图12-11 添加邮件交换记录

4．用不同用户在客户端测试邮件收发

（1）打开 Outlook Express，单击【文件】，再单击【添加账户】，如图 12-12 所示。

图12-12 创建账户

（2）在【自动账户设置】界面中，选择【手动设置或其他服务器类型】单选项，然后单击【下一步】按钮，如图 12-13 所示。

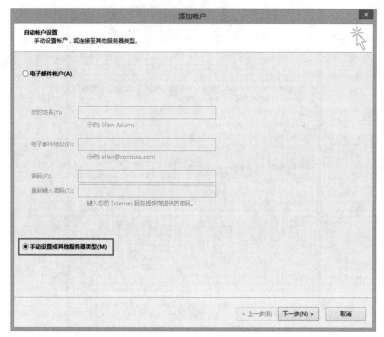

图12-13　自动账户设置

（3）在【选择服务】界面中，选择【POP 或 IMAP】单选项，然后单击【下一步】按钮，如图 12-14 所示。

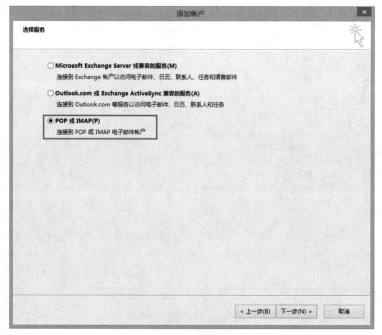

图12-14　选择服务

（4）在【POP 和 IMAP 账户设置】界面中，输入 user1 的用户信息、接收服务器和发送服务器的地址，然后单击【下一步】按钮，如图 12-15 所示。

图12-15　POP和IMAP账户设置

（5）在弹出的【测试账户设置】对话框中，如果状态显示为已完成，则表示创建的账户没有问题，最后单击【关闭】按钮，如图 12-16 所示。

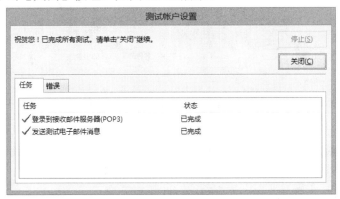

图12-16　测试账户设置

（6）按同样的方法，创建 user2 账户。

 任务验证

打开 Outlook Express，用户 user1 给 user2 发送邮件，如图 12-17 所示；用户 user2 接收 user1 发来的邮件，如图 12-18 所示，说明用户都能正常收发邮件，邮件服务配置正确。

图12-17　user1给user2发送邮件

图12-18　user2接收user1发送的邮件

任务12-2　WinWebMail邮件服务器的安装及配置

 任务背景

针对本任务，在 Windows Server 2012 服务器上安装 WinWebMail 实现邮件服务，并部署邮件服务。

 任务分析

运用 WinWebMail 实现邮件服务的部署需要通过以下几个步骤完成。

（1）安装 WinWebMail 软件。

（2）配置邮件服务器，并创建用户。

（3）为邮件服务器注册 DNS。

（4）用不同用户在客户端测试邮件收发。

 任务操作

1. 安装 WinWebMail 软件

（1）WinWebMail 最新版本到 http://www.winwebmail.com/ 下载，按默认安装即可。

（2）安装成功后，计算机右下角有 WinWebMail 图标，右击，选择【服务】命令，如图 12-19 所示。

（3）在【WinWebMail 服务】对话框中，【DNS 设置】根据实际环境填写，选中【修改】复选框，单击【启动 WinWebMail 服务程序】按钮，再单击【√】按钮保存设置，如图 12-20 所示。

图12-19　服务

图12-20　WinWebMail 服务

（4）再次右击计算机右下角的 WinWebMail 图标，选择【域名管理】命令。

（5）在【WinWebMail 域名管理】对话框中，单击添加按钮，输入 "network.com" 域名，单击【√】按钮保存设置，如图 12-21 所示。

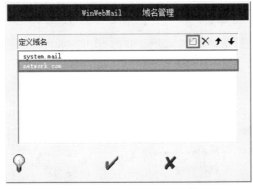

图12-21　WinWebMail域名管理

2. 配置邮件服务器，并创建用户

（1）右击计算机右下角的 WinWebMail 图标，选择【系统设置】命令。

（2）在【WinWebMail 系统设置】对话框中，【用户管理】选项卡可以进行用户添加与删除。添加 user1 用户，密码为 123；添加 user2 用户，密码为 456，二者域都选择 network.com，如图 12-22 所示。

（3）在【WinWebMail 系统设置】对话框中，单击【收发规则】选项卡，在这里可以设置【外发邮件时 Helo 命令后的内容】、【缺省邮箱大小为】和【最大邮件数】等，如图 12-23 所示。

图12-22　用户管理　　　　　　　　　　　　　　图12-23　收发规则

（4）在【WinWebMail 系统设置】对话框中，单击【防护】选项卡，选中【启用 SMTP 域名验证功能】复选框，如图 12-24 所示，再单击【√】按钮保存设置。至此，WinWebMail 基本安装和设置已经完成，用户可以通过客户端方式收发邮件了。

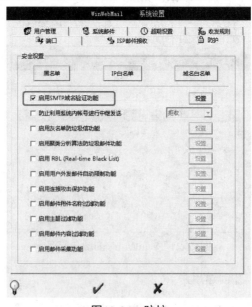

图12-24　防护

3．为邮件服务器注册 DNS

（1）在 IP 地址为 192.168.1.2 的 DNS 服务器上注册 DNS 记录。

（2）在 DNS 服务器的【DNS 管理器】下的【network.com】区域右键选择【新建主机（A 或 AAAA）】命令，【名称】为 mail，【IP 地址】为 192.168.1.3，如图 12-25 所示。

（3）需要再添加一条邮件交换记录，在【network.com】区域右键选择【新建邮件交换器（MX）】命令，在【邮件服务器的完全限定的域名（FQDN）】下浏览选择 mail.network.com 完成邮件交换记录的添加，如图 12-26 所示。

图12-25　添加主机记录

图12-26　添加邮件交换记录

4．用不同用户在客户端测试邮件收发

参照任务 12-1，用不同用户在客户端测试邮件收发。

任务验证

打开 Outlook Express，用户 user1 给 user2 发送邮件，如图 12-27 所示；用户 user2 接收 user1 发来的邮件，如图 12-28 所示，说明用户都能正常收发邮件，邮件服务配置正确。

图12-27　user1给user2发送邮件

图12-28　user2接收user1发送的邮件

 # 习题与上机

一、理论习题

1. 填空题

（1）电子邮件系统由以下3个组件组成：_____、_____ 及 _____。

（2）在邮件服务器上安装 _____ 后，用户可以使用支持 _____ 协议的电子邮件客户端连接到邮件服务器，并将电子邮件检索到本地计算机。

（3）SMTP 服务自动安装在安装了 POP3 服务的计算机上，从而允许用户 _____ 电子邮件。

（4）WinWebMail 是一个基于 _____ 平台，服务于因特网和局域网的全功能的邮件服务器，提供了 _____ 功能。

（5）WinWebMail 企业版本除具有标准版本的所有功能外，还拥有 _____、_____、_____、_____。

2. 问答题

（1）请叙述 SMTP 和 POP3 服务的作用。

（2）请简要叙述电子邮件系统的工作原理。

（3）请写出如何区分 WinWebMail 企业版和标准版。

二、项目实训题

项目名称：邮件服务器的构建。

项目内容：

- 根据网络拓扑图（图12-29）配置网络项目环境，给各计算机配置IP地址、DNS、路由等实现相互通信（2号机桥接）。
- 配置1号机为Web Mail邮件服务器，并在其他机器通过Foxmail或Outlook收发邮件。
- 3号机配置NAT服务器，映射1号机到互联网。

项目要求：写出项目现象和项目结果，并对项目中出现的问题做出分析，提出解决办法。

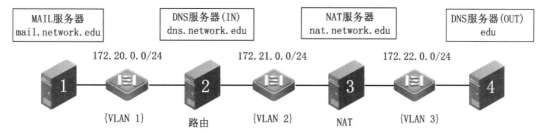

图12-29　网络拓扑

虚拟化服务的配置

 项目描述

公司网络中心经过多年的建设已经部署有 DNS 服务器、FTP 服务器、FS 服务器、邮件服务器、DHCP 服务器、Web 服务器。由于有一些服务器已经连续运行超过 5 年，这些旧服务器上运行的业务系统性能已经无法满足当前需求。公司购置了一台高性能计算机，希望采用虚拟化方式将旧的业务系统迁移到这台高性能计算机中。为做好迁移准备，公司希望网络管理部门尽快做好前期测试工作。公司网络中心拓扑如图 13-1 所示。

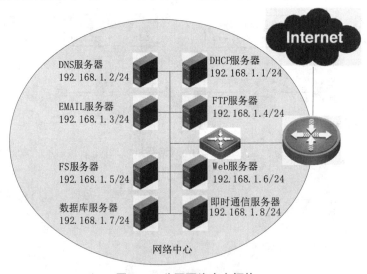

图13-1　公司网络中心拓扑

 项目分析

通过虚拟化服务，可以在一台高性能计算机上部署多个虚拟机，每一台虚拟机承载一个或多个服务系统。虚拟化有利于提高计算机的利用率，减少物理计算机的数量，并能通过一台宿主计算机管理多台虚拟机，让服务器的管理变得更为便捷、高效。

在 Windows Server 2012 中部署虚拟化服务首先必须安装虚拟化服务和角色，通过 Hyper-V 服务管理器管理虚拟机。如果有多台物理机都部署了虚拟化服务，则可以在多台虚拟机中进行虚拟机的实时迁移，这有利于物理机器的负载均衡。

　**相关知识**

　　虚拟化是指通过虚拟化技术将一台计算机虚拟为多台逻辑计算机。在一台计算机上同时运行多台逻辑计算机，每台逻辑计算机可运行不同的操作系统，并且应用程序都可以在相互独立的空间内运行而互不影响，从而显著提高计算机的工作效率。

　　虚拟化技术可以定义为将一台计算机资源从另一台计算机资源中剥离的一种技术。在没有虚拟化技术的单一情况下，一台计算机只能同时运行一个操作系统，虽然我们可以在一台计算机上安装两个甚至多个操作系统，但是同时运行的操作系统只有一个；而通过虚拟化技术可以在同一台计算机上同时启动多个操作系统，每个操作系统上可以有许多不同的应用，多个应用之间互不干扰。

　　通过虚拟化可以有效提高资源的利用率。在数据机房经常可以看到服务器的利用率很低，有时候一台服务器只运行着一个很小的应用，平均利用率不足10%。通过虚拟化可以在这台利用率很低的服务器上安装多个实例，从而充分利用现有的服务器资源，可以实现服务器的整合，减少数据中心的规模，解决令人头疼的数据中心能耗及散热问题，并且节省费用投入。

　　Hyper-V是Windows Server 2012中的一个功能组件，它提供了一个基本的虚拟化平台，并提供了各种虚拟化的功能。

- 客户端Hyper-V：通过使用Windows桌面操作系统创建和运行Hyper-V虚拟机。
- Windows PowerShell的Hyper-V模块：使用Windows PowerShell cmdlet创建和管理Hyper-V环境。
- Hyper-V副本：在存储系统、群集和数据中心之间复制虚拟机可提供业务连续性和灾难恢复的功能。
- 存储迁移：在不停机的情况下将运行中的虚拟机虚拟硬盘移到其他存储位置。
- 虚拟光纤通道：从来宾操作系统内连接到光纤通道存储。

　　Hyper-V的优势如下。

　　（1）安全多租户。在Windows Server 2012中，Hyper-V新增的安全与多租户隔离功能可确保虚拟机的相互隔离，同一台物理服务器上的虚拟机也可相互隔离。借助可扩展交换机还可对隔离进行扩展，这样微软合作伙伴即可开发插件，扩展网络与安全功能。这些功能提供的解决方案能够满足虚拟化环境对安全性的复杂要求。

　　（2）灵活的基础架构。无论何时何地，灵活的基础架构都能帮助用户轻松访问和管理虚拟化网络。在Hyper-V中，用户可以利用网络虚拟化功能在虚拟本地区域网络（VLAN）范围外进行扩展，并能将虚拟机放在任何节点，无论其IP地址是什么。用户可以用更灵活的方式迁移虚拟机和虚拟机存储——甚至可以迁移到群集环境之外，并可完整实现自动化的管理任务，这样就可降低环境中的管理负担。

　　（3）扩展性、性能与密度。Hyper-V在来宾系统中最多可支持64颗处理器和1TB内存。此外它还提供了全新的虚拟磁盘格式，可支持更大容量，每个虚拟磁盘容量最高可达64TB，并且通过提供额外的弹性，使用户可以对更大规模的负载进行虚拟化。其他新功能包括：通过资源计量统计并记录物理资源的消耗情况，对卸载数据传输提供支持，并通过强制实施最小带宽需求（包括网络存储需求）来改善服务质量（QoS）。

　　（4）高可用性。仅扩展和正常运行远远不够，还需要确保虚拟机随时需要随时可用。

Hyper-V 提供了各种高可用性选项，其中包括简单的增量备份支持，通过对群集环境进行改进使其支持最多 4000 台虚拟机，并行实时迁移，以及使用 BitLocker 驱动器加密技术进行加密。用户还可以使用 Hyper-V 复制，该技术可将虚拟机复制到指定的离场位置，并在主站点遇到故障后实现故障转移。

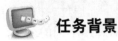

任务13-1　虚拟化服务的安装

 任务背景

　　新购置的这台高性能计算机已经安装好 Windows Server 2012，网络管理部希望在上面安装 Hyper-V 服务，安装 5 台虚拟机并部署 www 数据服务器、邮件数据服务器、文件类数据服务器、SQL 数据库服务器和 Oracle 数据库服务器。

　　通过安装 Hyper-V 服务，并部署 5 台虚拟机及对应服务，让管理部员工尽快熟悉虚拟化的部署与应用，同时也考查虚拟化部署的可靠性。

 任务分析

　　在 Windows Server 2012 服务器上安装 Hyper-V 角色和功能，安装虚拟机，同时在虚拟机中安装相关业务系统即可实现本任务目标。

任务操作

1．Hyper-V 角色和功能的安装

（1）在【服务器管理器】主窗口的【角色摘要】下，单击【添加角色】按钮。

（2）在【添加角色和功能向导】中，单击【下一步】按钮。

（3）在服务器角色列表中，选择【Hyper-V】服务，并选取默认的配套服务和功能，单击【下一步】按钮，如图 13-2 所示。

图13-2　角色选择

（4）在【功能】界面中，直接单击【下一步】按钮。

（5）在【虚拟交换机】界面中，选中【以太网】复选框，以便支持网络通信，如图 13-3 所示。

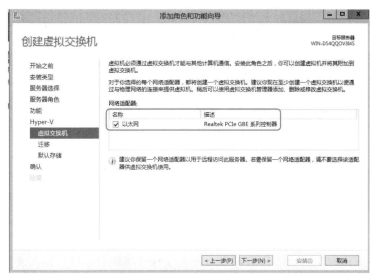

图13-3 虚拟交换机

（6）继续执行【添加角色和功能向导】中的步骤，完成【Hyper-V】服务的安装。

2．在 Hyper-V 管理器中添加虚拟机

（1）在【服务器管理器】中打开【Hyper-V 管理器】控制台，如图 13-4 所示。

图13-4 Hyper-V管理器

（2）选择【操作】→【新建】→【虚拟机】命令，弹出【新建虚拟机向导】对话框，然后单击【下一步】按钮。

（3）在【指定名称和位置】界面中，【名称】输入"www 数据服务器"，并指定虚拟机存储的位置，如图 13-5 所示。

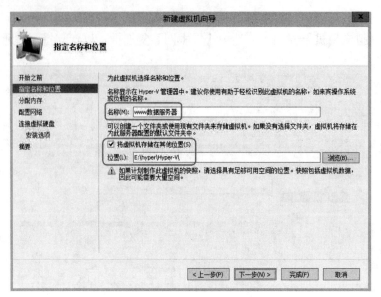

图13-5　指定名称和位置

（4）在【分配内存】界面中，内存大小根据实际情况填写，然后单击【下一步】按钮。

（5）在【配置网络】界面中，在【连接】处选择相应的以太网卡，然后单击【下一步】按钮。

（6）在【连接虚拟硬盘】界面中，根据实际情况选择虚拟硬盘保存的位置，如图13-6所示，然后单击【下一步】按钮。

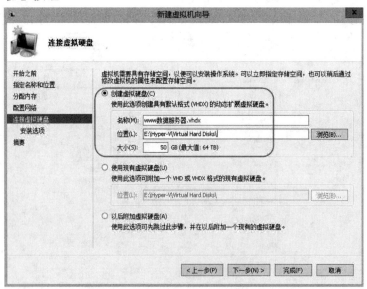

图13-6　连接虚拟硬盘

（7）在【安装选项】界面中，有3种方式安装操作系统，如图13-7所示。这里以ISO方式安装Windows Server 2003，单击【完成】按钮开始安装。

注：这里是在Windows Server 2012虚拟化平台中安装一台Windows Server 2003的虚拟机。Windows Server 2003安装比较简单，这里不再介绍。

（8）其他服务器也通过这种方式安装，这里就不再详细讲述。

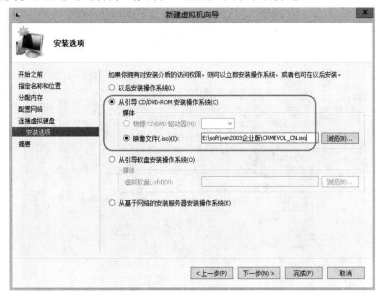

图13-7　安装选项

任务验证

（1）如果5台服务器都安装完毕，那么在Hyper-V管理器界面【状态】显示"正在运行"，如图13-8所示。

图13-8　Hyper-V管理器界面

（2）右击【www 数据服务器】，选择【连接】命令，进入【www 数据服务器】，测试能否 Ping 通邮件数据服务器，发现可以正常通信，如图 13-9 所示。

图13-9　测试界面

（3）同理，可以在其他服务器上利用 Ping 命令检查是否互通。如果安装了相关业务系统，也可以测试各业务系统是否正常工作。

任务13-2　配置Hyper-V中的快照

 任务背景

业务部经常要对系统新功能进行测试，测试过程容易导致系统出现问题，管理员希望通过 Hyper-V 的快照功能实现虚拟机的快速备份与恢复。

 任务分析

快照可以记录某个时间点虚拟机操作系统的完整状态，通过"Microsoft Volume Shadow Copy Service（卷影复制服务）"技术抓取当前系统状态，可以把虚拟机某个时刻的所有状态（内存、磁盘、网络、文件等）抓取为一个镜像文件，在以后的任何时间，可以通过快照恢复当时的实际状态。

虚拟机一旦创建完毕即可创建快照。通常，快照创建过程只需几秒钟，而且虚拟机不需要暂停、停止或关闭。快照是由 Hyper-V 创建、执行的，它完全独立于运行在子分区的子操作系统的类型和性能。快照相关文件会自动存储到 Hyper-V 服务器设置的默认路径下。

在 Hyper-V 管理控制台可以轻松地创建快照，只需右击虚拟机，选择【创建快照】命令即可。任何时刻都可以创建快照，它会自动嵌入该虚拟机的即时状态浏览树结构中。在快照属性中，可以查看快照的详细信息。

任务操作

1. 创建快照

Hyper-V 虚拟机支持多项快照。如果要创建快照，只要右击虚拟机，在弹出的快捷菜单中选择【快照】命令，即可在当前状态创建一个快照，如图 13-10 所示。

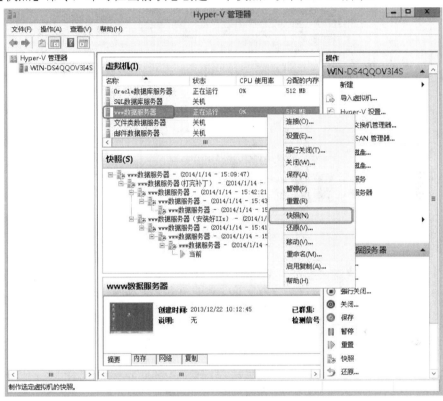

图13-10　创建快照

2. 应用快照

在创建多个快照后，如果想恢复到某个快照时的状态，可以选中一个快照，右击，从弹出的快捷菜单中选择【应用】命令即可，如图 13-11 所示。

在图 13-11 中，可以选择【重命名】命令，为快照设置一个容易记忆的名称；如果选择【删除快照】命令，则会删除当前快照；如果选择【删除快照子树】命令，将会把当前快照及当前快照下的所有快照删除。

在恢复到以前快照时，快照管理程序会弹出【应用快照】对话框，里面有 3 个选项，如图 13-12 所示。如果单击【获取快照并应用】按钮，快照管理程序将会把虚拟机当前的状态创建快照，然后再恢复到选定的快照状态。这是一个非常有用的功能，而在 VMware Workstation 或 VMware Server 中，在恢复到以前快照时，如果当前状态没有保存，则恢复后当前的状态将会丢失。

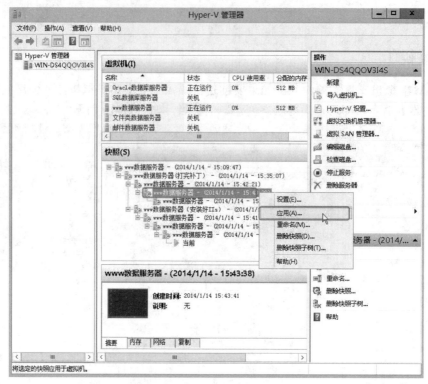

图13-11　应用快照

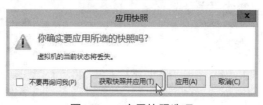

图13-12　应用快照选项

如果单击【应用】按钮，将不会保存当前虚拟机的状态而直接应用快照。【应用】指的是将虚拟机从当前状态切换到一个快照并启用该快照。应用快照时，正在运行的虚拟机配置将被完全替代。因此，建议在应用原来的快照之前先创建一个新快照，以便今后还可以再返回到当前状态。另外，如果虚拟机原来的状态是关闭的，虚拟机返回后也处于关闭状态。在Windows Server 2012中，应用快照时将提供两种处理方法：在当前快照的基础上创建一个快照后再应用快照，以及丢弃当前的操作然后立即切换到目标快照。在实际工作中，建议以第一种方法处理快照。

如果单击【取消】按钮，将会撤销当前的操作。

3. 快照转移：输入和输出虚拟机

移动虚拟机时可能希望随时携带虚拟机快照。最简单的方法是利用 Hyper-V 的 Export 命令。也可以在终端服务器上使用 Import 命令恢复虚拟机，以及所有相关文件和设置。这两个操作都可以通过脚本或 Hyper-V 管理控制台执行。执行操作前需关闭虚拟机，否则无法导出。导出虚拟机的过程如图 13-13 所示。

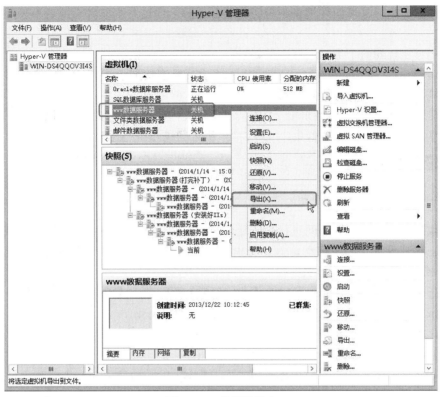

图13-13 虚拟机导出

任务验证

快照验证比较简单,通过【应用快照】,按照图 13-11 操作即可。应用完进入虚拟机,与【应用快照】前对比,即可发现是否恢复。

任务13-3 Hyper-V实时迁移配置

任务背景

某公司需架设多台服务器,同时要求服务器能实时迁移,并保证数据的安全性。在过去为了实现实时迁移不得不购买专用的共享存储设备,而现在 Windows Server 2012 的虚拟机在可移动性方面做出了重大的改进,通过其最新的虚拟化平台 Hyper-V,就能够在不中断虚拟机运行的情况下对其进行迁移。

任务分析

在 Windows Server 2012(Hyper-V)中,实时迁移功能得到了多方面的改善。

(1)实时迁移的速度得到了提升,甚至可以在10Gbps 的网络带宽中进行。

(2)在同一个故障转移群集内并发执行多个实时操作。

（3）在非故障转移群集环境中也能进行实际迁移：通过共享文件夹或者不使用共享存储设备。

目前能够实现的两个实时迁移方案如下。

• 方案一：在一台独立Hyper-V宿主机上将虚拟机直接通过实时迁移功能转移到其他宿主机，并且不使用任何共享的存储设备。

• 方案二：将虚拟机保存到网络中的共享文件夹内，这样就可在将虚拟机的文件保存在共享中的前提下，在非群集Hyper-V宿主机之间进行实时迁移。

∽ 任务操作

1. 将服务器提升为域控制器

要实现 Hyper-V 宿主机之间进行实时迁移，前提是 Hyper-V 宿主机要加入到域，否则无法启动 Hyper-V 设置中的【启动传入和传出的实时迁移】。所以需其中一台 Windows Server 2012 升为域控制器，再把其他服务器加入到域。

（1）在【服务器管理器】主窗口的【角色摘要】下，单击【添加角色】按钮。

（2）在【添加角色和功能向导】中，单击【下一步】按钮。

（3）在服务器角色列表中，选择【Active Directory 域服务】服务，如图 13-14 所示，并选取默认的配套服务和功能，单击【下一步】按钮。

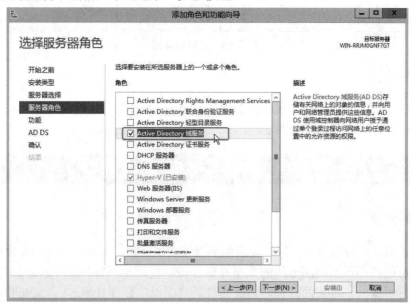

图13-14　角色选择

（4）其他选项按默认安装即可。

（5）安装完后将服务器提升为域控制器。打开【服务器管理器】，单击小旗图标，如图 13-15 所示。

图13-15 服务器管理器

（6）单击图 13-15 中的【将此服务器提升为域控制器】按钮，出现【Active Directory 域服务配置向导】，选择【添加新林】单选项，根域名为 Win2012.com，如图 13-16 所示。

图13-16 部署配置

（7）其他选项按默认安装即可。

（8）把其他服务器加入到 Win2012.com 域。

2. 按方案一实现实时迁移

（1）权限委派。在 AD 用户和计算机中找到 Hyper-V 主机，在右键菜单中选择【属性】命令，在弹出的对话框中选择【委派】选项卡，选择【仅信任此计算机来委派指定的服务】，然后在下方选择【仅使用 Kerberos】项，并单击【添加】按钮，如图 13-17 所示。

（2）在【添加服务】窗口中单击【用户或计算机】，选择计算机，并把所有其他的 Hyper-V 主机全部输入。由于现有环境仅有两台 Hyper-V 主机，所以只需填写另外一台即可。然后在可用服务列表中选择【cifs】和【Microsoft Virtual System Migration Service】两项，如图 13-18 所示。单击【确定】按钮，保存这些配置。

图13-17　委派

图13-18　服务类型

（3）使用同样的方法，在 WIN2012-TWO 主机上完成相同的工作，如图 13-19 所示。单击【确定】按钮，保存这些配置。

图13-19　WIN2012-TWO属性

（4）打开 Hyper-V 管理器，选择 Hyper-V 主机，并在右侧单击【Hyper-V 设置】，打开设置对话框后，选择【实时迁移】，然后选择【启用传入和传出的实时迁移】，身份验证协议选择【使用 Kerberos】，传入的实时迁移选择【使用任何可用的网络进行实时迁移】，如图13-20 所示。

图13-20　WIN2012-NOE的Hyper-V设置

（5）按同样的方法进行 WIN2012-TWO 主机的 Hyper-V 设置，如图 13-21 所示。

图13-21　WIN2012-TWO的Hyper-V设置

（6）打开 WIN2012-TWO 主机上的 Hyper-V 管理器，选择 Win2003 虚拟机，右键选择【移动】命令，如图 13-22 所示。

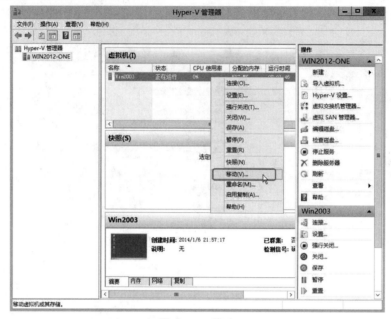

图13-22　移动

（7）出现【移动"Win2003"向导】，单击【下一步】按钮。

（8）在【选择移动类型】界面中，选择【移动虚拟机】，再单击【下一步】按钮。

（9）在【指定目标】界面中，【名称】输入"WIN2012-TWO"，再单击【下一步】按钮。

（10）在【选择移动选项】界面中，选择【通过选择项目移动位置来移动虚拟机的数据】，这样可以选择存储而不是移动整个虚拟机，如图 13-23 所示，再单击【下一步】按钮。

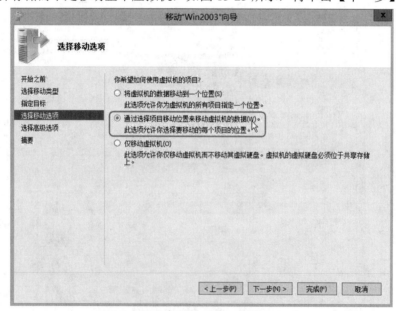

图13-23　选择移动选项

（11）在【选择高级选项】界面中，选择【自动移动虚拟机的数据】，当然也可以选择【将虚拟机的虚拟硬盘移动到其他位置】，单击【下一步】按钮。

（12）单击【完成】按钮，执行移动，如图13-24所示。

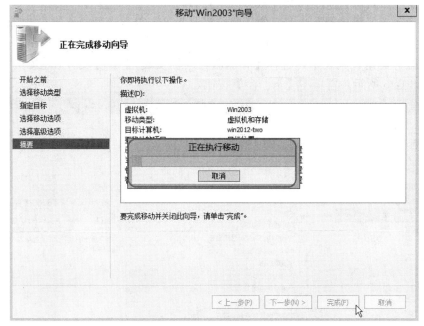

图13-24　正在执行移动

（13）执行完移动，Win2003虚拟机就会在WIN2012-TWO主机上运行，如图13-25所示。

图13-25　查看Win2003虚拟机状态

3. 按方案二实现实时迁移

方案二要用到文件服务器，而文件服务器在 Windows Server 2012 中仍以角色的身份出现，默认安装完系统后是不会安装此文件服务器角色的。

（1）在【服务器管理器】主窗口的【角色摘要】下，单击【添加角色】按钮。

（2）在【添加角色和功能向导】中，单击【下一步】按钮。

（3）在服务器角色列表中，选择【存储服务（已安装）】和【文件和 iSCSI 服务】两个服务，如图 13-26 所示，再单击【下一步】按钮。

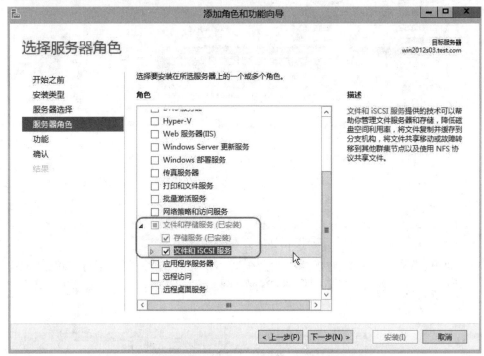

图13-26　角色选择

（4）其他选项按默认安装即可。

（5）安装完成后，打开【服务器管理器】，导航至【文件和存储服务】，在右侧的窗口中依次选定【共享】，单击【若要创建文件共享，请启动新加共享向导】，如图 13-27 所示。

（6）在【选择配置文件】界面中，选择【SMB 共享 – 应用程序】，如图 13-28 所示。看右侧的说明，只有此选项才适用于 Hyper-V；而且使用 Hyper-V 群集环境下的共享文件夹时，也选择此选项，请务必注意。再单击【下一步】按钮。

图13-27　创建共享

图13-28　选择配置文件

（7）在【共享位置】界面中，选定 Win2012-TWO 主机的"F:\movexp"目录作为共享文件的目录（当然此文件系统应为 NTFS 格式的），如图 13-29 所示，再单击【下一步】按钮。

（8）在【共享名称】界面中，按默认配置即可，再单击【下一步】按钮。

（9）在【其他设置】界面中，按默认配置即可，再单击【下一步】按钮。

（10）在【权限】界面中，选择【自定义权限】，添加两台 Hyper-V 服务器对这个共享文件夹的访问权限。在打开的自定义权限界面，单击【添加】按钮，如图 13-30 所示。

图13-29　共享位置

图13-30　共享位置

（11）在打开的界面中，单击【选择主体】；在弹出的对话框中，单击【选择此对象类型】之后的【对象类型】按钮；在弹出的【区域类型】对话框中，选中【计算机】复选框，再单击【确定】按钮，如图 13-31 所示。

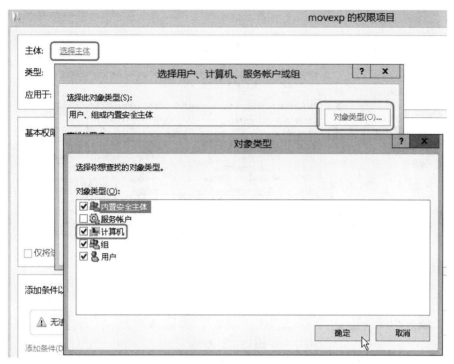

图13-31 对象类型

（12）添加两台 Hyper-V 服务器，并设置完全控制权限。在实际生产环境中，请根据不同安全策略要求进行设置权限，如图 13-32 所示。

图13-32 添加权限

（13）自定义权限设置完成后如图 13-33 所示，再单击【下一步】按钮。

图13-33　权限

（14）在【确认】界面中，单击【创建】按钮，最后单击【关闭】按钮，完成共享文件夹的创建。

（15）在 WIN2012-TWO 服务器上打开 Hyper-V 管理器，单击【新建】→【虚拟机】命令，出现【新建虚拟机向导】，单击【下一步】按钮。在【指定名称和位置】界面中，【位置】处填写有些不同，如图 13-34 所示，再单击【下一步】按钮。

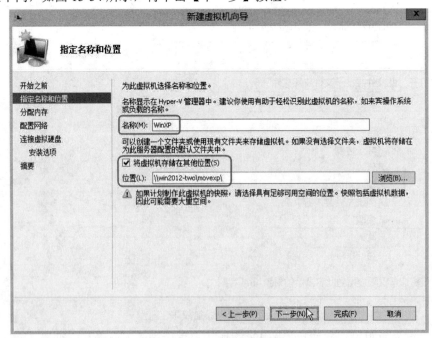

图13-34　指定名称和位置

（16）接下来就是分配内存、配置网络等操作，与前面所述相同。完成虚拟机设置向导后如图 13-35 所示。

图13-35 摘要

（17）虚拟机设置完成后，通过 Hyper-V 管理器启动及连接，进行系统安装。

（18）在【Hyper-V 管理器】管理控制台选定虚拟机，右击，选择【移动】命令，打开移动向导。

（19）在【开始之前】界面中，单击【下一步】按钮。

（20）在【选择移动类型】界面中，选择【移动虚拟机】，单击【下一步】按钮。

（21）在【指定目标】界面中，通过"浏览"选定要移动到的目标虚拟主机"WIN2012-ONE"，单击【下一步】按钮。

（22）在【选择移动选项】界面中，选择【仅移动虚拟机】，如图 13-36 所示。该选项也是依据本次实验环境而做出的，而且虚拟硬盘位于共享文件夹中。然后单击【下一步】按钮。

（23）在【连接网络】界面中，选择【以太网控制器】，单击【下一步】按钮。

（24）在【摘要】界面中，单击【完成】按钮，执行移动，如图 13-37 所示。

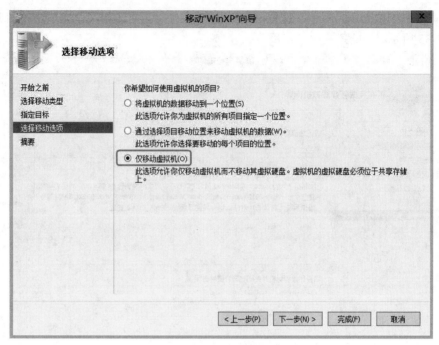

图13-36　选择移动选项

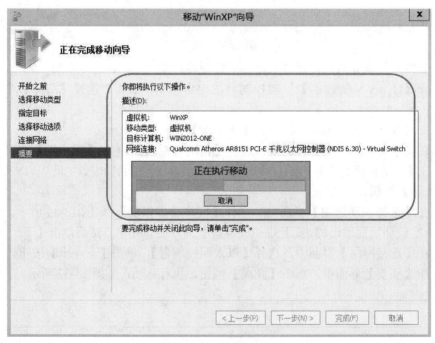

图13-37　执行移动

 任务验证

（1）方案一是 WIN2012-ONE 主机迁移虚拟机 Win2003 到 WIN2012-TWO 主机上，只要在 WIN2012-TWO 主机中能打开虚拟机 Win2003，如图 13-38 所示，就说明迁移成功。

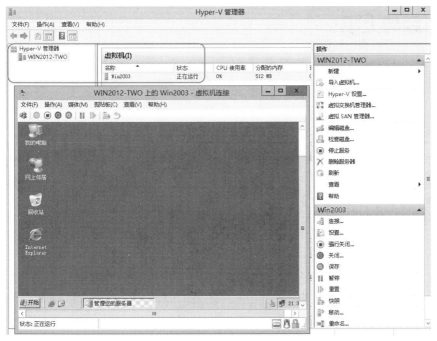

图13-38 WIN2012-TWO的Hyper-V管理器

（2）方案二是 WIN2012-TWO 主机迁移虚拟机 WinXP 到 WIN2012-ONE 主机上，只要在 WIN2012-ONE 主机中能打开虚拟机 WinXP，如图 13-39 所示，就说明迁移成功。

图13-39 WIN2012-ONE的 Hyper-V管理器

习题与上机

理论习题

1. 选择题

（1）下列哪个属于 Windows Server 2012 自带的虚拟化工具？（　　）

A．Xen　　　　　　B．KVM　　　　　　　C．Hyper-V　　　　　　D．VMware

（2）Windows Server 2012 的 Hyper-V 版本是（　　）。

A．1.0　　　　　　B．2.0　　　　　　　C．3.0　　　　　　　D．4.0

（3）Hyper-V 从 Windows Server 哪个版本同时发布？（　　）

A．Windows Server 2003　　　　　　　B．Windows Server 2008

C．Windows Server 2008 R2　　　　　　D．Windows Server 2012

（4）Hyper-V 最多可以跑多少个虚拟机？（　　）

A．10　　　　　　B．30　　　　　　　C．50　　　　　　　D．无限制

2. 简答题

（1）叙述 Hyper-V 和 VMware 的区别。

（2）配置 Hyper-V 虚拟网络之后，宿主机系统会多出一块网卡，它的作用是什么？

（3）Hyper-V 虚拟机可以使用的虚拟磁盘类型有几种，性能最好的是哪种？

活动目录的部署

任务14-1　活动目录概述

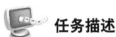

任务描述

EDU 公司拟通过 Windows Server 2012 域管理公司的用户和计算机，网络管理部希望部门员工尽快熟悉 Windows Server 2012 域的相关概念。

任务分析

本任务需要管理员完成以下工作任务。

- 了解活动目录的概念。
- 了解活动目录的逻辑结构。
- 了解活动目录的物理结构。
- 了解DNS服务与活动目录的相关性。

相关知识

1. 什么是活动目录

活动目录（Active Directory，AD）由"活动"和"目录"两部分组成，其中"活动"是用来修饰"目录"，其核心是"目录"，而目录代表的是目录服务（Directory Service）。

对于目录，大家最熟悉的就是书的目录，通过它就能知道书的大致内容。但目录服务和书的目录不同，目录服务是一种网络服务，它存储着网络资源的信息并使用户和应用程序能访问这些资源。

在活动目录管理的网络中，目录首先是一个容器，它存储了所有的用户、计算机、应用服务等资源，同时对于这些资源，目录服务通过规则让用户和应用程序快速访问这些资源。

例如，在工作组的计算机管理中，如果一个用户需要使用多台计算机，那么网络管理员需要到这些计算机上为该用户创建账户并授予相应访问权限。如果有大量的用户有这类需求，那么网络管理员的管理难度将十分大。但在活动目录的管理方式下，用户作为资源被统一管理，每一个员工拥有唯一的活动目录账户，通过对该用户授权允许访问特定组的计算机即可完成该工作。通过比较不难得出 AD 在管理大量用户和计算机时所具有的优势。

对于活动，可以解释为动态的、可扩展的，主要体现在以下 2 个方面。

• AD（活动目录）对象的数量可以按需增减或移动。

AD 中的对象可以按需求增加、减少和移动，例如新购置了计算机、有部分员工离职、员工变换工作岗位，这些都必须在 AD 中进行相应的改变。

• AD（活动目录）对象的属性是可以增加的。

每一个对象都是用它的属性进行描述的，AD 对象的管理实际上就是对对象属性的管理，而对象的属性是可能发生变化的。例如联系方式这个属性原先只有通信地址、手机、电子邮件等，可随着社会发展，用户的联系方式可能需要增加微信号、微博号等，而且还在持续发生变化。在 AD 中支持对象属性的增加，AD 管理员只需要通过修改 AD 架构来增加属性，然后 AD 用户就可以在 AD 中使用这个属性了。

需要注意的是，AD 对象的属性可以增加，但是不可以减少，如果一些对象属性不允许使用则可以禁用它。

综上，活动目录是一个数据库，它存储着网络中重要的资源信息。当用户需要访问网络中的资源时，就可以到活动目录中进行检索并能快速查找到需要的对象。而且活动目录是一种分布式服务，当网络的地理范围很大时，可以通过位于不同地点的活动目录数据库提供相同的服务来满足用户的需求。

（1）活动目录对象

简单地说，在 AD 中可以被管理的一切资源都称为 AD 对象，如用户、组、计算机账户、共享文件夹等。AD 的资源管理就是对这些 AD 对象的管理，包括设置对象的属性、对象的安全性等。每一个对象都存储在 AD 的逻辑结构中，可以说 AD 对象是组成 AD 的基本元素。

（2）活动目录架构

架构（Schema）就是活动目录的基本结构，是组成活动目录的规则。

AD 架构中包含两个方面内容：对象类和对象属性。其中对象类用来定义在 AD 中可以创建的所有可能的目录对象，如用户、组等；对象属性用来定义在每个对象可以有哪些属性来标志该对象，如用户可以有登录名、电话号码等属性。也就是说 AD 架构用来定义数据类型、语法规则、命名约定等内容。

当在 AD 中创建对象时，需要遵守 AD 架构规则，只有在 AD 架构中定义了一个对象的属性才可以在 AD 中使用该属性。前面叙述的 AD 中对象的熟悉是可以增加的，这就要通过扩展 AD 架构来实现。

AD 架构存储在 AD 架构表中，当需要扩展时只需要在架构表中进行修改即可，在整个活动目录中只能有一个架构，也就是说在 AD 中所有的对象都会遵守同样的规则，这将有助于对网络资源进行管理。

（3）轻型目录访问协议

LDAP（Light Directory Access Protocol，轻型目录访问协议）是访问 AD 的协议，当 AD 中对象的数量非常大时，如果要对某个对象进行管理和使用就需要查找定位该对象，这时就需要有一种层次结构来查找，LDAP 就提供了这样一种机制。

例如招聘，如果要找张三这个人，你需要知道他在哪个城市、区、街道、大楼、楼层、房间号，最后才能找到这个人，这就是一种层次结构，这和 LDAP 是类似的。

在 LDAP 协议中指定了严格的命名规范，按照这个规范可以唯一地定位一个 AD 对象，

LDAP 中关于 DC、OU 和 CN 的定义如表 14-1 所示。

表14-1　LDAP中关于DC、OU和CN的定义

名　字	属　性	描　　述
DC	域组件	活动目录域的DNS名称
OU	组织单位	组织单位可以和实际中的一个行政部门相对应，在组织单位中可以包括其他对象，如用户、计算机等
CN	普通名字	除了域组件和组织单位外的所有对象，如用户、打印机等

按照这个规范，假如在域 EDU.CN 中有一个组织单位 SOFTWARE，在这个组织单位下有一个用户账户 tom，那么在活动目录中 LDAP 协议用下面的方式来标志该对象：

CN=tom，OU=software，DC=edu，DC=cn

LDAP 的命名包括两种类型：辨别名（Distinguished Names）和相关辨别名（Relative Distinguished Names）。

上面所写的"CN=tom，OU=software，DC=edu，DC=cn"就是 tom 这个对象在 AD 中的辨别名；而相关辨别名是指辨别名中唯一能标志这个对象的部分，通常为辨别名中最前面的一个。在上面这个例子中"CN=tom"就是 tom 这个对象在 AD 中的相关辨别名，该名称在 AD 中必须唯一。

（4）活动目录的特点与优势

与非域环境下独立的管理方式相比，利用 AD 管理网络资源有以下特点。

①资源的统一管理。

活动目录的目录是一个能存储大量对象的容器，它可以统一管理企业中成千上万分布于异地的计算机、用户等资源，如统一升级软件等，而且管理员还可以通过委派下放一部分管理的权限给某个用户账户，让该用户代替管理员执行特定的管理功能。

②便捷的网络资源访问。

活动目录将企业所有的资源都存入 AD 数据库中，利用 AD 工具，用户可以方便地查找和使用这些资源。并且由于 AD 采用了统一身份验证，用户仅需要一次登录就可以访问整个网络资源。

③资源访问的分级管理。

通过登录认证和对目录中对象的访问控制，安全性和活动目录加密集成在一起。管理员能够管理整个网络的目录数据，并且可以授权用户能访问网络上位于任何位置的资源及权限。

④减低总体拥有成本。

总体拥有成本（TCO）是指从产品采购到后期使用、维护的总的成本，包括计算机采购的成本，技术支持成本、升级的成本等。例如 AD 通过应用一个组策略，可以对整个域中的所有计算机和用户生效，这将大大减少分别在每一台计算机上配置的时间。

2. 活动目录的逻辑结构

在活动目录中有很多资源，要对这些资源进行较好的管理就必须把它们有效组织起来，活动目录的逻辑结构就是用来组织资源的。

活动目录的逻辑结构可以和公司的组织机构图结合起来理解，通过对资源进行逻辑组织，使用户可以通过名称而不是通过物理位置来查找资源，并且使网络的物理结构对用户透明化。

活动目录的逻辑结构包括域（Domain）、域树（Domain Tree）、域目录林（Forest）和组织单位（Organization Unit），如图14-1所示。

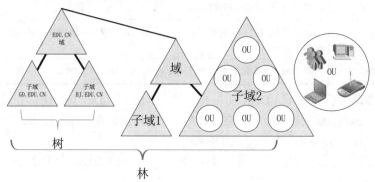

图14-1　活动目录的逻辑结构

（1）域的概念

域是活动目录的逻辑结构的核心单元，是活动目录对象的容器。同时域定义了3个边界：安全边界、管理边界、复制边界。

①安全边界。

域中所有的对象都保存在域中，并且每个域只保存属于本域的对象，所以域管理员只能管理本域。安全边界的作用就是保证域的管理者只能在该域内拥有必要的管理权限，而对于其他域（如子域）则没有权限。

②管理边界。

每一个域只能管理自身区域的对象，例如父域和子域是两个独立的域，两个域的管理员仅能管理自身区域的对象，但是由于他们存在逻辑上的父子信任关系，因此两个域的用户可以相互访问，但是不能管理对方区域的对象。

③复制边界。

域是复制的单元，域是一种逻辑的组织形式，因此一个域可以跨越多个物理位置。活动目录的逻辑结构——域如图14-2所示，EDU公司在北京和广州都有公司的相关机构，它们都隶属域EDU.CN域，北京和广州两地通过ADSL拨号互连，同时两地各部署了一台域控制器。如果EDU域中只有一台域控制器在北京，那么广州的客户端在登录域或者使用域中的资源时都要通过北京的域控制器进行查找，而北京和广州的连接是慢速的，这种情况下，为了提高用户的访问速率可以在广州也部署一台域控制器，同时让广州的域控制器复制北京域控制器的所有数据，这样广州的用户只需要通过本地域控制器即可实现快速登录和资源查找。由于域控制器的数据是动态的（如管理员禁用了一个用户），所以域内的所有域控制器之间必须实现数据同步。域控制器仅能复制域内的数据，其他域的数据不能复制，所以域是复制边界。

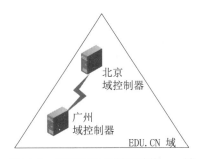

图14-2 活动目录的逻辑结构——域

综上，域是一种逻辑的组织形式，能够对网络中的资源进行统一管理，要实现域的管理，必须在一台计算机上安装活动目录才能实现，而安装了活动目录的计算机就成为域控制器。

（2）登录域和登录到本机的区别

登录域和登录到本机是有区别的，在属于工作组的计算机上只能通过本地账户登录到本机，在一台加入到域的计算机上可以选择登录到域或者登录到本机，在域上的计算机登录界面如图 14-3 所示。

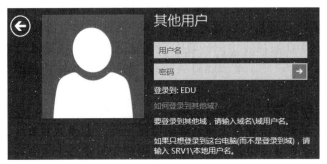

图14-3 在域上的计算机登录界面

在登录到本机时必须输入这台计算机上的本地用户账户的信息，在【计算机管理】控制台下可以查看这些用户账户的信息，登录验证也是由这台计算机完成的。本地登录账户通常为"计算机名 \ 用户名"，如 SRV1\tom 。

在登录到域时必须输入域用户账户的信息，而域用户账户的信息只保存在域控制器上。因此用户无论使用哪台域客户机，其登录验证都是由域控制器来完成的，也就是说默认情况下，域用户可以使用任何一台域客户机。域登录账户通常为"用户名 @ 域名"，如 tom@edu.cn。

在域的管理中，基于安全考虑，客户机的所有账户都会被域管理员统一回收，企业员工仅能通过域账户使用客户机。

（3）域树

域树是由一组具有连续命名空间的域组成的。

例如,EDU 公司最初只有一个域名 EDU.CN,后来公司发展了,在北京成立了一个分公司,处于安全的考虑需要新创建一个新域 BJ.EDU.CN,可以把这个新域加入到域中，BJ.EDU.CN 就是 EDU.CN 的子域，EDU.CN 是 BJ.EDU.CN 的父域。

组成一棵域树的第一个域成为树的根域，图 14-1 中左边第一棵树的根域为 EDU.CN，树中其他域称为该树的结点域。

（4）树和信任关系

域树是由多个域组成的，而域的安全边界作用使得域和其他域之间的通信需要获得授权。在活动目录中这种授权是通过信任关系来实现的。在活动目录的域树中父域和子域之间可以自动建立一种双向可传递的信任关系。

如果 A/B 两个域直接有双向信任关系，则可以达到以下结果。

- 这两个域就像在同一个域一样，A域中的用户可以在B域中登录A域，反之亦然。
- A域中的用户可以访问B域中设置访问权限的资源，反之亦然。
- A域中的全局组可以加入B域中的本地组，反之亦然。

这种双向信任关系淡化了不同域之间的界限，而且在 AD 中父子域之间的信任关系是可以传递的，可传递的意思是如果 A 域信任 B 域，B 域信任 C 域，那么 A 域也就信任 C 域。在图 14-1 中 GD.EDU.CN 域和 BJ.EDU.CN 域由于各自同 EDU.CN 建立了父子域关系，所以它们也相互信任并允许相互访问，也可以称它们为兄弟域关系。由于有这种双向可传递的信任关系的存在，实际上就把这几个域融为一体。

（5）域目录林

域目录林是由一棵或多棵域树组成的，每棵域树使用自身连续的命名空间，不同域树之间没有命名空间的连续性，AD 的逻辑结构——域目录林如图 14-4 所示。

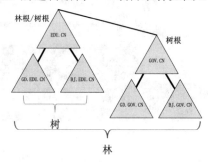

图14-4　AD的逻辑结构——域目录林

域目录林具有以下特点。

- 目录林中的第一个域称为该目录林的根域，根域的名字将作为目录林的名字。
- 目录林的根域和该目录林中的其他域树的根域存在双向可传递的信任关系。
- 目录林中的所有域树拥有相同的架构和全局编录。

在活动目录中，如果只有一个域，那么这个域也称为一个目录林，因此单域是最小的林。前面介绍了域的安全边界，如果一个域用户要对其他域进行管理，则必须得到其他域的授权，但在目录林中有一个特殊情况，那就是在默认情况下目录林的根域管理员可以对目录林中所有域执行管理权限，这个管理员也称为整个目录林的管理员。

（6）组织单位

组织单位（OU）是活动目录中的一个特殊容器，它可以把用户、组、计算机等对象组织起来。与一般的容器仅能容纳对象不同，组织单位不仅可以包含对象，而且可以进行组策略设置和委派管理，这是普通容器不能办到的。关于组策略和委派将在后续内容中介绍。

组织单位是活动目录中最小的管理单元。如果一个域中的对象数目非常多时，可以用组织单位把一些具有相同管理要求的对象组织在一起，这样就可以实现分级管理了。而且作为域管理员可以委托某个用户去管理某个OU，管理权限可以根据需要配置，这样就可以减轻管理员的工作负担。

组织单位可以和公司的行政机构相结合，这样可以方便管理员对活动目录对象的管理，而且组织单位可以像域一样做成树状的结构，即一个OU下面还可以有子OU。

在规划单位时可以根据两个原则：地点和部门职能。如果一个公司的域由北京总公司和广州分公司组成，而且每个城市都有市场部、技术部、财务部3个部门，则可以按照如图14-5（a）所示的结构来组织域中的子域（在AD中，组织单位用圆形来表示），图14-5（b）则是AD根据左边的结构创建的OU结果。

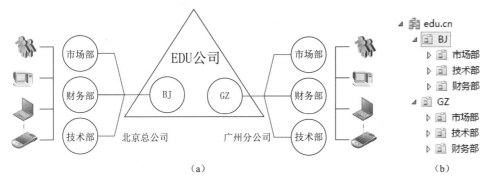

（a） （b）

图14-5 活动目录的逻辑结构——组织单位

（7）全局编录

一个域的活动目录只能存储该域的信息，相当于这个域的目录。而当一个目录林中有多个域时，由于每个域都有一个活动目录，因此如果一个域的用户要在整个目录林范围内查找一个对象时就需要搜索目录林中的所有域，这时用户就需要较长时间的等待。

全局编录（Global Catalog，GC）相当于一个总目录，就像一个书架的图书有一个总目录一样，在全局编录中存储已有活动目录中所有域（林）对象的子集。默认情况下，存储在全局编录中的对象属性是那些经常用到的内容，而非全部属性。整个目录林会共享相同的全局编录信息。GC中的对象包含访问权限，用户只能看见有访问权限的对象，如果一个用户对某个对象没有权限，在查找时将看不到这个对象。

3. 活动目录的物理结构

前面所述的都是活动目录的逻辑结构，在AD中，逻辑结构是用来组织网络资源的，而物理结构则是用来设置和管理网络流量的。活动目录的物理结构由域控制器和站点组成。

（1）域控制器

域控制器（Domain Controller，DC）是存储活动目录信息的地方，用来管理用户登录进程、验证和目录搜索等任务。一个域中可以有一台或多台DC，为了保证用户访问活动目录信息的一致性，就需要在各DC之间实现活动目录数据的复制，以保持同步。

（2）站点

站点（Site）一般与地理位置相对应，它由一个或几个物理子网组成。创建站点的目的是为了优化DC间复制的网络流量。

如图14-6所示活动目录的站点结构，在没有配置站点的AD中，所有的域控制器都将相互复制数据以保持同步，那么广州的 A1 和 A2 与北京的 B1、B2 和 B3 间相互复制数据就会占用较长时间。例如 A1 和 B1 的同步复制与 A2 与 B1 的同步复制就明显存在重复在公网上复制相同数据的情况。但是在站点的作用下，A2 不能直接和 B1 同步复制，DC 的同步首先在站点内同步，然后通过各自站点的一台服务器进行同步，最后在各自站点内进行同步完成全域或全林的数据同步。

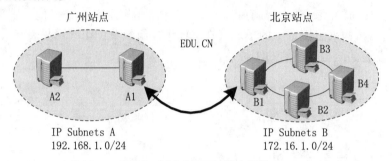

图14-6　活动目录的站点结构

显然通过站点，优化了 DC 间的数据同步的网络流量。站点具有以下特点。

- 一个站点可以有一个或多个IP子网。
- 一个站点中可以有一个或多个域。
- 一个域可以属于多个站点。

利用站点可以控制 DC 的复制是同一站点内的复制，还是不同站点间的复制，而且利用站点链接可以有效地组织活动目录复制流，控制 AD 复制的时间和经过的链路。

需要注意的是，站点和域之间没有必然的联系，站点映射了网络的物理拓扑结构，域映射网络的逻辑拓扑结构，AD 允许一个站点可以有多个域，一个域也可以有多个站点。

4. DNS 服务与活动目录

DNS 是 Internet 的重要服务之一，它用于实现 IP 地址和域名的相互解析。同时它为互联网提供了一种逻辑的分层结构，利用这个结构可以标志互联网所有的计算机，同时这个结构也为人们使用互联网提供了便捷。

与之类似，AD 的逻辑结构也是分层的，因此可以把 DNS 和 AD 结合起来，这样就可以把 AD 中所管理的资源进行便捷的管理和访问。图 14-7 显示了 DNS 和 AD 名称空间的对应关系。

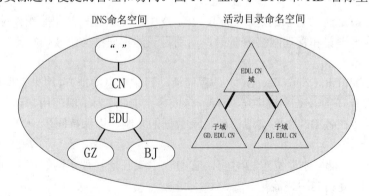

图14-7　DNS和AD名称空间的对应关系

在 AD 中，域控制器会自动向 DNS 服务器注册 SRV（服务资源记录）记录，在 SRV 记录中包含了服务器所提供服务的信息及服务器的主机名与 IP 地址等。利用 SRV 记录，客户端可以通过 DNS 服务器查找域控制器、应用服务器等信息。如图 14-8 所示是【DNS 管理器】窗口，是在活动目录中的一台域控制器中的 DNS 控制台的界面，通过该界面可以看到 EDU. CN 区域下有 _msdcs、_sites、_tcp、_udp、DomainDnsZones 和 ForestDnsZones6 个子文件夹，这些文件夹中存放的就是 SRV 记录。

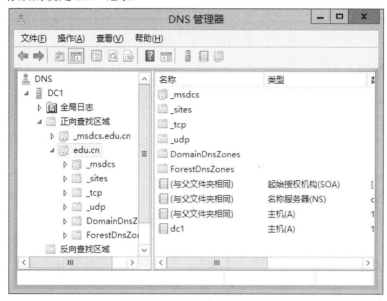

图14-8 DNS管理器窗口

综上，DNS 是活动目录的基础，要实现活动目录，就必须安装 DNS 服务。在安装域的第一台 DC 时，应该把本机设置为 DNS 服务器，并且在活动目录安装过程中，DNS 会自动创建与 AD 域名相同的正向查找区域。

任务14-2 构建林中的第一台域控制服务器

 任务背景

EDU 公司拟通过 Windows Server 2012 域管理公司用户和计算机，网络管理部门为让部门员工尽快熟悉 Windows Server 2012 域环境，将在一台新安装的 Windows Server 2012 服务器上建立公司的第一台域控制器。为此公司还针对公司域名称做了以下要求。

- 域控制器名称为DC1。
- 域名为EDU.CN。
- 域的简称为EDU。
- 域控制器IP为192.168.1.1/24。

公司网络拓扑如图 14-9 所示。

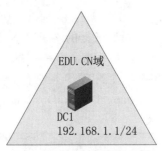

图14-9　公司网络拓扑

相关知识

公司部署活动目录的第一步就是创建公司的第一台域控制器。如果公司已向互联网申请了域名，那么公司就会在 AD 中使用该域名，在本项目中，公司的根域是 EDU.CN。

要将一台 Windows Server 2012 服务器升级为公司的第一台域控制器，那么这台域控制器是该公司所创建的第一棵树的树根，同时也是公司域的林根。

任务分析

将一台 Windows Server 2012 服务器按项目要求配置好主机名、IP 地址。同时由于域控制器还作为公司的 DNS 服务器，因此还需要将自身的 DNS 地址指向本身。然后在【服务管理器】中添加【Active Directory 域服务】角色和功能，按向导创建林中的第一台域控制器，同时按项目要求输入域的相关信息即可完成公司第一台域控制器的创建。

任务操作

升级为域控制器。

（1）在 DC1 上配置 IP 地址为 192.168.1.1/24。

（2）在【添加角色和功能向导】窗口，单击【服务器角色】，勾选【Active Directory 域服务】这个选项并添加其所需要的功能，如图 14-10 所示。

图14-10　勾选 Active Directory 域服务

（3）等待安装完成之后，在【服务器管理器】窗口会跳出【部署后配置】警示框，单击【将此服务器提升为域控制器】，如图 14-11 所示。

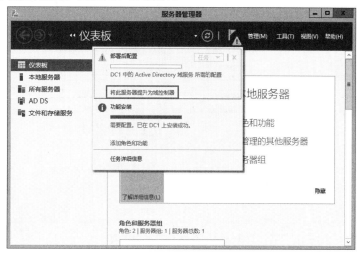

图14-11 服务器管理器窗口

（4）在弹出的【部署配置】窗口中，选择【添加新林】，并输入【根域名】，如图 14-12 所示。

图14-12 部署配置窗口

- 将域控制器添加到现有域：该选项用于将服务器提升为额外域只读域控制器。
- 将新域添加到现有林：该选项用于将服务器提升为现有林中某个域的子域，或提升为现有林中新的域树。
- 添加新林：该选项用于将服务器提升为新林中的域控制器。
- 根域名：一般采用企业在互联网注册的根域名。

（5）单击【域控制器选项】，将【林功能级别】和【域功能级别】均选择为【Windows Server 2008 R2】，在【键入服务还原模式 (DSRM) 密码】下输入【密码】和【确认密码】，如图 14-13 所示。

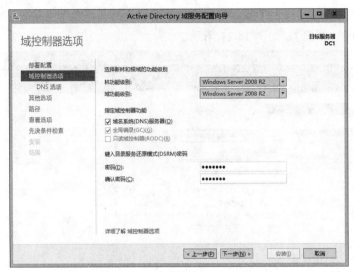

图14-13 域控制器选项设置

- 林功能级别：若将林功能级别设置为Windows Server 2008 R2，那么域功能级别必须在Windows Server 2008 R2或以上，同时整个域里的域控制器必须为Windows Server 2008 R2或以上。
- 域功能级别：若将域功能级别设置为Windows Server 2008 R2，那么作为该域控制器的额外或只读域控制器必须为Windows Server 2008 R2或以上。

（6）因为还没创建 DNS 所以不能委派，我们也不需要委派，直接单击【下一步】。

（7）NetBIOS 域名，默认即可。

（8）域安装的路径，默认即可。

（9）查看选项，查看是否和配置一致。

（10）先决条件检查通过，单击【安装】开始安装。

（11）正在安装，安装完成之后，计算机自动重启，如图 14-14 所示。

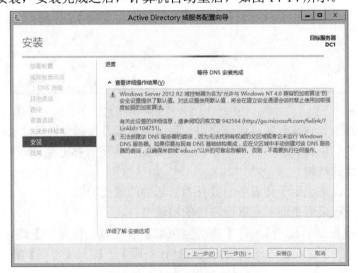

图14-14 域控制器安装完成

（12）安装完成之后就需要使用域管理员用户登录，如图 14-15 所示。

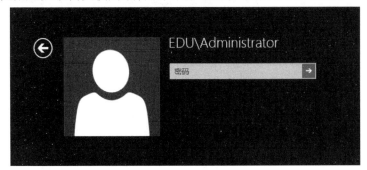

图14-15 登录到EDU域

 任务验证

如何验证域服务器是否安装成功。

（1）看 3 个服务工具是否成功安装。

①查看【Active Directory 用户和计算机】服务工具是否正常。在【服务器管理器】主窗口，单击【工具】，打开【Active Directory 用户和计算机】窗口，如图 14-16 所示。

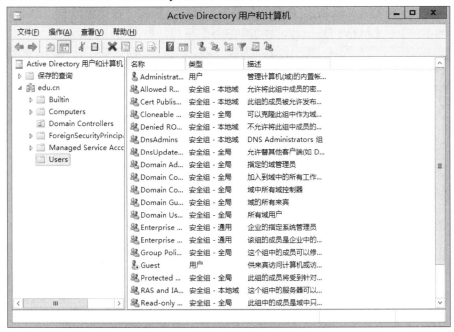

图14-16 Active Directory 用户和计算机窗口

②查看【Active Directory 域和信任关系】服务工具是否正常。在【服务器管理器】主窗口，单击【工具】，打开【Active Directory 域和信任关系】窗口，如图 14-17 所示。

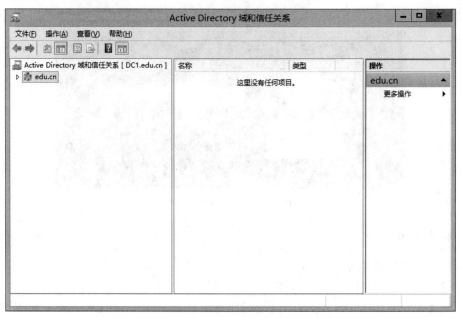

图14-17　Active Directory 域和信任关系窗口

③查看【Active Directory 站点和服务】服务工具是否正常。在【服务器管理器】主窗口，单击【工具】，打开【Active Directory 站点和服务】窗口，如图 14-18 所示。

图14-18　Active Directory 站点和服务窗口

（2）在运行框中输入"\\edu.cn"，查看共享，如图 14-19 所示。

图14-19 查看共享

（3）查看 DNS 是否自动创建相关记录，如图 14-20 所示。

图14-20 查看DNS记录

任务14-3 将用户和计算机加入到域

 任务背景

EDU 公司已经将 Windows Server 2012 提升为 EDU.CN 的域控制器，公司管理部为实现全公司用户和计算机的统一管理将首先在网络管理部内部进行试点运作。

网络管理部拥有普通员工和实习员工，公司规定实习员工只能在工作时间使用公司计算机，而普通员工不受限制。

网络管理部网络拓扑如图 14-21 所示。

图14-21　网络管理部网络拓扑

 相关知识

在非域环境，用户通过客户机的内部账户进行登录和使用该客户机，如果一个员工需要使用多台客户机，那么就必须在这些客户机上都创建一个账户供该员工使用。如果面对大量的员工，那么网络管理员就需要管理大量客户机上大量的账户，此时最为简单的操作都需要花费管理员大量的时间，例如更改员工的账户密码。

在域环境，对于客户机，域管理员会将公司的客户机都加入到域，为防止员工脱离域使用客户机往往会禁用客户机的所有账户；对于员工，域管理员会为每一位员工创建一个域账户，员工使用自己的域账户可以登录到任何客户机。在实际应用中，如果需要限制用户仅能使用特定客户机，或者仅能在特定时间使用客户机都可以在域用户管理中直接进行配置部署，而无须在客户机上做任何操作。

 任务分析

在本项目中，域管理员应将客户机加入到域，并且禁用该计算机的所有用户，以确保员工仅能通过域账户使用该计算机；同时在域控制器为管理部员工创建用户账户，并根据员工信息补充完整域账户信息，同时针对实习员工账户的使用时间设定为周一至周五的 9:00 ～ 17:00。

 任务操作

1．将计算机添加到 edu.cn 域中

（1）在 win8-01 计算机上配置 IP 地址为 192.168.1.101/24，DNS 指向 192.168.1.1。

（2）在 win8-01 计算机桌面上的【这台电脑】右击，选择【属性】，选择【更改设置】，在弹出的【系统属性】对话框中选择【更改】，再在弹出的【计算机名/域更改】对话框的【隶属于】中选择【域】，并输入【edu.cn】，然后单击【确定】。在弹出的【Windows 安全】对话框中输入域管理员 administrator 及密码，然后单击【确定】，弹出【欢迎加入 edu.cn 域】，并根据提示重启计算机，完成加入过程，如图 14-22 所示。

图14-22　加入域

2．为员工创建域账户

（1）在【服务器管理器】主窗口，单击【工具】，打开【Active Directory 用户和计算机】，创建普通员工用户 tom，如图 14-23 所示。

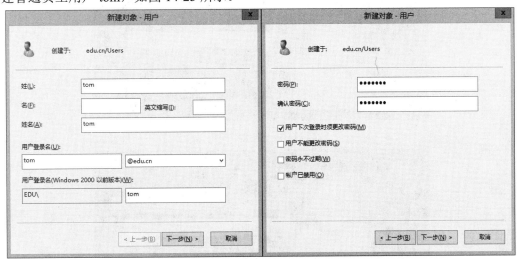

图14-23　创建普通员工用户tom

（2）使用同样的方式，创建实习员工用户 jack。

3. 限制实习员工登录到域的时间

在【服务器管理器】主窗口，单击【工具】，打开【Active Directory 用户和计算机】，找到实习员工用户 jack 并右击，在【属性】对话框找到【账户】选择【登录时间】并设置只允许 jack 用户在上班时间（周一至周五的 9:00 ～ 17:00）才能登录到域中，如图 14-24 所示。

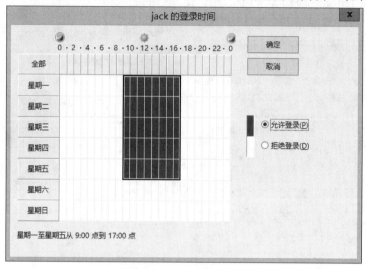

图14-24　限制登录时间

任务验证

（1）在 win8-01 计算机上使用普通员工用户 tom 登录。如图 14-25 所示为登录到本机。我们要登录到域中，必须切换用户且在登录时能看到【登录到：EDU】信息，如图 14-26 所示。

图14-25　登录到本机

图14-26　登录到EDU域

（2）单击【登录】时提示【必须更改用户的密码】，更改完密码后正常登录到域，如图
14-27、图 14-28、图 14-29 所示。

图14-27 提示更改密码

图14-28 更改密码

图14-29 域用户登录成功

（3）在非上班时间，使用 jack 登录域提示由于时间限制登录失败，如图 14-30 所示。

图14-30 限制登录时间

习题与上机

一、理论习题

1. 什么是活动目录？
2. 工作组和域最大的区别在哪里？
3. 升级为 DC 之前需不需要安装 DNS 服务，在 AD 中 DNS 的作用是什么？
4. 如果限制用户登录时间为每天 18 点，当时间到达 18 点时，此时会怎样？
5. 为什么域文件系统必须为 NTFS？
6. 升级为 DC 之前需不需要安装 DNS 服务？

二、项目实训题

项目描述：

以学生姓名拼音的首字母加 ".cn" 为域名建立自己的公司域，采用的 IP 地址段统一为 10.x.y/24（x 为班级编号，y 为学号）。项目拓扑如图 14-31 所示。

项目要求：

（1）配置林中的第一台域控制器，并截取 AD 域控制器的 DNS 界面视图、AD 用户和计算机界面视图，并截取实验结果。

（2）将客户机添加到域中，限制域用户 jack 只能在周一至周五的 9:00 ～ 18：00 登录域，并截取实验结果。

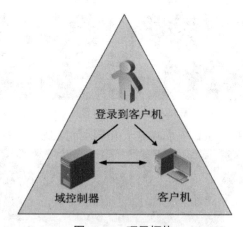

图14-31　项目拓扑

参 考 文 献

[1] support.microsoft.com.

[2] 汤代禄等 . Windows Server 2008 使用大全 . 北京：电子工业出版社，2009.

[3] 周洁等 .Windows Server 2008 网络配置和管理基础与实践教程 . 北京：电子工业出版社，2009.

[4] 戴有炜 . Windows Server 2008 网络专业指南 . 北京：科学出版社，2009.

[5] [澳] lan McLean 等 . 施平安等译 .Windows Server 2008 网管员自学宝典（MCITP 教程）. 北京：清华大学出版社，2009.

[6] Dan Holme etc.*MCITP Windows Server 2008 Server Administrator*.Microsoft Press，2011.

[7] [美]Orin Holme etc. 刘晖等译 . Windows Server 2008 企业环境管理（MCITP 教程）. 北京：清华大学出版社，2009.

[8] Martin. *Microsoft Windows Server 2008: A Beginner's Guide* (*Network Professional's Library*). McGraw-Hill，Microsoft Press, 2008.

[9] William R. *Microsoft® Windows Server(TM) 2003 Inside Out* . Microsoft Press, 2004.

[10] William R. *Microsoft® Windows Server(TM) 2003 Administrator's Pocket Consultant Second Edition*. Microsoft Press, 2004.

反侵权盗版声明

电子工业出版社依法对本作品享有专有出版权。任何未经权利人书面许可，复制、销售或通过信息网络传播本作品的行为；歪曲、篡改、剽窃本作品的行为，均违反《中华人民共和国著作权法》，其行为人应承担相应的民事责任和行政责任，构成犯罪的，将被依法追究刑事责任。

为了维护市场秩序，保护权利人的合法权益，我社将依法查处和打击侵权盗版的单位和个人。欢迎社会各界人士积极举报侵权盗版行为，本社将奖励举报有功人员，并保证举报人的信息不被泄露。

举报电话：（010）88254396；（010）88258888

传　　真：（010）88254397

E-mail：dbqq@phei.com.cn

通信地址：北京市万寿路 173 信箱
　　　　　电子工业出版社总编办公室

邮　　编：100036